化学系学生にわかりやすい
電 気 化 学

博士（工学） **井手本 康**
博士（工学） **板垣 昌幸**【共著】
工 学 博 士 **湯浅 真**

コロナ社

『化学系学生にわかりやすい電気化学』　正誤表

このたびはお買い上げ誠にありがとうございます。本書には，下記のような誤記がありました。お詫びして訂正いたします。

ページ	箇所	誤	正
3	下から5行目	…, カルシウム(K), …	…, カルシウム(Ca), …
5	脚注†1, 1行目	…物質で, 指示電解質とは電流を…	…物質で, 支持電解質とは電流を…
15	下から2行目	$Ag^{2+} + 2e \rightarrow Ag$	$Ag^+ + e \rightarrow Ag$
17	上から5～6行目	…電流をI, 比抵抗をρとすれば, オームの法則は $V = \rho I$で表される。	…電流をI, 抵抗をRとすれば, オームの法則は $V = RI$で表される。
25	式(1.11)	$\Delta H = -nFE + nFT\left(\dfrac{\partial E}{\partial T}\right)$	$\Delta H = -nFE + nFT\left(\dfrac{\partial E}{\partial T}\right)_p$
27	図1.11の右側 下から二つ目の←	$\leftarrow Hg + Hg_2So_4$	$\leftarrow Hg + Hg_2SO_4$
	図1.11の下の 「+」と「−」	＋　　　−	−　　　＋ (＋と−を入れ替える)
	式(1.12)の 1行下	…式(1.11)においてHg, Cdは…	…式(1.12)においてHg, Cdは…
34	上から3行目	式(1.18)の反応の平衡にある…	式(1.17)の反応の平衡にある…
35	上から5行目	…で示した$-\Delta G = nFE$に代入し, …	…で示した$-\Delta G = zFE$に代入し, …
36	上から10行目	…は$a_M = 1$であるので, …	…は$a_M = 1$であるので, … (「a」はイタリック体の「a」)
37	例題解答, 1行目	式(1.25)より	式(1.24)より
	例題解答, 5行目	… ln …	… log …
39	式(1.28)	E_{SCE} $= 0.2412 - 6.61 \times 10 - 4(t - 25) - 1.75$ $\times 10^{-6}(t - 25)^2 \cdots$	E_{SCE} $= 0.2412 - 6.61 \times 10^{-4}(t - 25) - 1.75$ $\times 10^{-6}(t - 25)^2 \cdots$
55	図1.27(a)		
	図1.27(b), 左側の矢印	正の電流	正の電流
62	「(b) 過電圧が小さい 場合」の2行目	…(図1.32(b))では,	…(図1.31(b))では,
106	下から4行目	…カソード材料について以下に述べる。	…カソード材料について以下に述べる[11~14]。
107	下から9行目	…生産性の向上が期待されている[1,2]。	…生産性の向上が期待されている[13,14]。
108	表2.4 タイトル	表2.4　表面処理による機能化	表2.4　表面処理による機能化[12,15]
145	下から8行目	…魅力あるものとなっている。	…魅力あるものとなっている[26]。
148	図2.45 タイトル	図2.45 セル内の相状態[26]	図2.45 セル内の相状態[27]
149	図2.46 タイトル	図2.46 適条件で合成したPEDOTナノ粒子[26]	図2.46 適条件で合成したPEDOTナノ粒子[27]
150	図2.47 タイトル	図2.47 添加剤と収率の関係[26]	図2.47 添加剤と収率の関係[27]
151	図2.48 タイトル	図2.48 scCO$_2$環境でのPEDOTナノ粒子の合成と そのインクジェット印刷による薄膜形成[20]	図2.48 scCO$_2$環境でのPEDOTナノ粒子の合成と そのインクジェット印刷による薄膜形成[27]
153	図2.49 タイトル	図2.49 成分調整インク[20]	図2.49 成分調整インク[27]
153	図2.50 タイトル	図2.50 インクジェット印刷装置による 成分調整インクの打出し試験[15]	図2.50 インクジェット印刷装置による 成分調整インクの打出し試験[27]

新の正誤表がコロナ社ホームページにある場合がございます。下記URLにアクセスして[キーワード検索]に書名を入力して下さい。
ps://www.coronasha.co.jp

ま　え　が　き

　本書は，大学の学部・大学院で電気化学およびその関連科目について講義している井手本，板垣および湯浅が，電気化学を学ぶ学生諸氏のために書いたものである。電気化学は，物理化学において化学熱力学，化学平衡論および化学反応速度論とともに重要な領域を占めており，さらに現在では，電池，エレクトロニクス，工業電解，腐食・防食，表面処理，電気化学計測分野の発展とともに多くの研究者・技術者らが興味を持って研究している分野でもある。このような広範にわたる電気化学の基礎から応用を一人で執筆することはとても難しいため，執筆者3名がそれぞれの得意分野や講義している分野をもとに分担して執筆している。

　本書の特徴は，電気化学の基礎から測定法，応用まですべて網羅していることである。1章では，電気化学の基礎と題して，電気化学の位置づけ，歴史および取り扱う分野から始まり，電気分解，溶液の電気伝導，電池，電極電位，さらには電気化学平衡論および電極反応速度論について紹介している。さらに2章では，電気化学測定法，腐食，工業電解，表面処理，エレクトロニクス，バイオエレクトロケミストリー，光電気化学，電気分析化学，エネルギー変換デバイス，有機および高分子化学での広範囲における電気化学の応用を紹介している。

　本書には読者の理解の一助となるよう，各章の序論に内容の体系を示す表を設け，各項の冒頭にはその項の要旨を掲載している。また，本書の本文ページの見開き両端には〔memo〕欄を設けている。本書で電気化学を学ぶ学生諸氏は，関連・補足事項や自分で気がついた点などを是非この〔memo〕欄にどんどん書き込みしていただき，本書を自分だけの電気化学のノートとして仕上げていただくことをお勧めする。学生諸氏には電気化学を興味深く理解し，本書

を長きにわたって電気化学の参考書として利用していただければ幸いである。

　本書の執筆に当たり，企画の段階から内容の検討など，刊行に至るまで，コロナ社の皆様に多くの助言をいただいた。コロナ社の関係諸氏に心より感謝申し上げる次第である。

　2019 年 8 月

井手本　康

板垣　昌幸

湯浅　　真

執筆分担

井手本　康：　1.2.5 〜 1.2.9 項，1.3.4 項，1.4 〜 1.6 節

板垣　昌幸：　2.2 〜 2.3 節，2.5 節

湯浅　　真：　1.1 節，1.2.1 〜 1.2.4 項，1.3.1 〜 1.3.3 項，2.1 節，2.4 節，2.6 〜 2.11 節，演習問題

目　　　　次

1.　電気化学の基礎

1.1　序　　　　　論 …………………………………………………… 1

1.2　電　気　分　解 …………………………………………………… 2

　1.2.1　電気分解とは ……………………………………………… 2

　1.2.2　電気分解の歴史 …………………………………………… 3

　1.2.3　電気分解の方法，実験など ……………………………… 4

　1.2.4　電気分解の将来 …………………………………………… 5

　1.2.5　電気化学反応 ……………………………………………… 6

　1.2.6　ファラデーの法則 ………………………………………… 9

　1.2.7　電　流　効　率 …………………………………………… 12

　1.2.8　電　流　密　度 …………………………………………… 14

　1.2.9　電　　量　　計 …………………………………………… 15

1.3　溶液の電気伝導 …………………………………………………… 16

　1.3.1　電気伝導とは ……………………………………………… 16

　1.3.2　電気伝導におけるパラメーター ………………………… 16

　1.3.3　電気伝導度の測定法 ……………………………………… 17

　1.3.4　当　量　導　電　率 ……………………………………… 18

1.4　電池と電気化学平衡 ……………………………………………… 20

　1.4.1　電池の起電力 ……………………………………………… 20

　1.4.2　標　準　電　池 …………………………………………… 26

　1.4.3　不可逆電池と可逆電池 …………………………………… 27

1.5　電　極　電　位 …………………………………………………… 28

　1.5.1　化学ポテンシャルと電気化学ポテンシャル …………… 28

　1.5.2　電極電位の尺度 …………………………………………… 30

iv 目 次

1.5.3 電極電位の規約	31
1.5.4 標準電極電位	32
1.5.5 単極（電極）電位の測定	37
1.5.6 参 照 電 極	38
1.6 電極反応速度論	40
1.6.1 電 極 反 応 速 度	41
1.6.2 電極反応の素過程	43
1.6.3 分 極 と 過 電 圧	44
1.6.4 過電圧の測定法	46
1.6.5 分 極 曲 線	46
1.6.6 抵 抗 過 電 圧	49
1.6.7 濃 度 過 電 圧	50
1.6.8 活 性 化 過 電 圧	54
1.6.9 過電圧のまとめ	63
演 習 問 題	65

2. 電気化学の応用

2.1 序 論	67
2.2 電気化学測定法	69
2.2.1 電気化学セル（二電極法，三電極法）	69
2.2.2 作 用 極	72
2.2.3 対 極	73
2.2.4 参 照 電 極	74
2.2.5 ポテンシオスタットとガルバノスタット	75
2.2.6 さまざまな電気化学測定法	78
2.2.7 クロノアンペロメトリー	80
2.2.8 ボルタンメトリー	81
2.2.9 電気化学インピーダンス法	83
2.3 腐 食	86
2.3.1 金属材料と環境	86
2.3.2 電 位 - pH 図	88

目　　　　　　次　　　v

2.3.3　平衡電位と混成電極電位 …………………………………… 93
2.3.4　腐食電流の決定法 ……………………………………………… 96
2.3.5　電気化学インピーダンス法による腐食電流の決定 …………… 98
2.3.6　全面腐食と局部腐食 …………………………………………… 99

2.4　工業電解プロセス …………………………………………………… 102
2.4.1　工業電解プロセスとは ………………………………………… 102
2.4.2　重要な NaCl 水溶液電解プロセスとその技術革新 …………… 103
2.4.3　アルミニウム溶融塩工業電解の新規な検討 ………………… 106

2.5　表面処理と機能化 …………………………………………………… 107
2.5.1　さまざまな表面処理と期待される機能 ……………………… 107
2.5.2　電 気 め っ き …………………………………………………… 108
2.5.3　無 電 解 め っ き ………………………………………………… 110
2.5.4　陽 極 酸 化 ……………………………………………………… 112
2.5.5　化 成 処 理 ……………………………………………………… 114

2.6　エレクトロニクスと電気化学 …………………………………… 115
2.6.1　半導体デバイスと電気電子材料 ……………………………… 115
2.6.2　注目される磁気記録材料，表示材料 ………………………… 116

2.7　バイオエレクトロケミストリー ………………………………… 117
2.7.1　電気化学と生物のかかわり：バイオエレクトロケミストリーの始まり
………………………………………………………………………… 117
2.7.2　各種の細胞と電気化学 ………………………………………… 118
2.7.3　生体表面での電気的現象とその医療分野への応用 ………… 121
2.7.4　生体でのエネルギー変換 ……………………………………… 122
2.7.5　生体系での電気化学 …………………………………………… 123
2.7.6　葉緑体の電気化学 ……………………………………………… 125
2.7.7　生物電気化学計測 ……………………………………………… 128
2.7.8　サイボーグテクノロジー ……………………………………… 131
2.7.9　生 物 電 池 ……………………………………………………… 133
2.7.10　人 工 神 経 回 路 ……………………………………………… 134

2.8　光 電 気 化 学 ……………………………………………………… 135
2.8.1　光電気化学とは ………………………………………………… 135
2.8.2　太陽とそのエネルギー ………………………………………… 135
2.8.3　太 陽 電 池 ……………………………………………………… 137

vi 目 次

2.9 電気化学分析 ……………………………………………… 138
  2.9.1 電気化学分析とは ………………………………………… 138
  2.9.2 イオンセンサー ………………………………………… 139
  2.9.3 活性酸素センサー ………………………………………… 139
  2.9.4 バイオセンサー ………………………………………… 140
  2.9.5 電位，電圧，電流密度などの二次元分析 ……………… 140

2.10 エネルギー変換デバイス ………………………………… 141
  2.10.1 エネルギー変換デバイスとは …………………………… 141
  2.10.2 一 次 電 池 ………………………………………… 141
  2.10.3 二 次 電 池 ………………………………………… 142
  2.10.4 燃 料 電 池 ………………………………………… 142

2.11 有機化学と高分子化学における電気化学 ……………… 145
  2.11.1 有機電解合成および高分子電解重合 …………………… 145
  2.11.2 $scCO_2$ 環境における合成 ……………………………… 146
  2.11.3 $scCO_2$ 環境で得られる導電性高分子 ………………… 146
  2.11.4 得られた導電性高分子ナノ粒子 ………………………… 147
  2.11.5 得られた導電性高分子ナノ粒子含有薄膜 ……………… 151

演 習 問 題 ……………………………………………………… 154

引用・参考文献 ………………………………………………… 156

演習問題解答例 ………………………………………………… 158

索 引 ……………………………………………………… 164

第1章
電気化学の基礎

1.1 序論

〔memo〕

　1700年末にガルバニ（伊）によって電気化学の糸口が見いだされ，1800年代には電池の発明，そしてファラデーの法則が確立された。これにより化学は，電気分解による物質の製造，生物学，溶液物理化学，電磁気学などとの関連が生じ，さらに1900年代になると電気化学工業へと展開した。この章では，本節に続いて電気化学の基礎として，電気分解，溶液の電気伝導，電池と電気化学平衡，電極電位，電極反応速度論などについて詳説する。

　化学とは，物質の変化を取り扱う学問である。化学で取り扱う物質の変化を化学変化（すなわち化学反応）という。物質が化学変化（化学反応）する際には，放熱したり吸熱したり，また発光することもある。物質の化学変化（化学反応）には，このように物質からの何らかのエネルギーの出入りを伴う。**電気化学**（electrochemistry）の分野では，この中で特に電子移動により生じる化学変化（化学反応）について取り扱う。

　本章では，**表1.1**に示すように電気化学の位置づけおよび取り扱う分野から始まり，電気分解，溶液の電気伝導，可逆電池と電気化学平

2   1. 電 気 化 学 の 基 礎

〔memo〕

表 1.1 本章（電気化学の基礎）の体系

節	内　　容
1.1　序　論	電気化学の位置づけ，電気化学の取り扱う分野，本章の流れなど
1.2　電気分解	電極の概念・種類，電解セル，電気化学反応，ファラデーの法則，電流効率，電流密度，電量計など
1.3　溶液の電気伝導	比抵抗，比電導度，電気伝導度の測定法，当量導電率など
1.4　電池と電気化学平衡	電池の起電力，起電力の測定，不可逆電池，可逆電池など
1.5　電極電位	化学ポテンシャル，電気化学ポテンシャル，電極電位の尺度，電極電位の規約，標準電極電位（ネルンストの式），単極電位の測定法，参照電極など
1.6　電極反応速度論	電極反応速度，電極反応の素過程，分極，過電圧，過電圧の測定法，分極曲線，抵抗過電圧，濃度（拡散）過電圧，活性化過電圧，バトラー・ホルマーの式，ターフェルの式など

衡，電極電位，電極反応速度論などを学び，演習問題でこれらの確認
をしていく。

1.2　電　気　分　解

　本節では電気分解について解説し，さらに電気分解に関連する電極
の概念・種類，電気化学セル（電解セル，電池），電気化学反応，ファ
ラデーの法則，電流効率，電流密度，電量計などについて述べる。

1.2.1　電気分解とは

　電気分解（略して電解ともいう）（electrolysis）は，化合物溶液に
電圧あるいは電位（二電極法では電圧，参照電極を含む三電極法では

電位という）をかけることによって[†1]，陰極で還元反応および陽極で酸化反応を起こして（電気化学的に成立する要件），化合物を化学分解する，あるいは化学分解して生成物を生成する方法である。同様な原理により，電気化学的な酸化還元反応による物質合成法を電解合成法，および高分子合成法を高分子電解重合法という。

〔memo〕

1.2.2 電気分解の歴史

電気分解の歴史（**表1.2**）は，1800年にイギリスのアンソニー・カーライル（Anthony Carlisle）とウィリアム・ニコルソン（William Nicholson）が初めて水（H_2O）の電気分解に成功したことから始まる。

表1.2 電気分解の歴史

年	出来事
1800	H_2O の電気分解（カーライル，ニコルソン）
1806	結合の電気化学的仮説（デービー）
1807	KOH の電気分解による K の生成（デービー） 同年，上記と同様の方法による Na，Ca，Sr，Ba，Mg などの生成
1833	ファラデーの電気分解の法則 「電気化学の基礎」を構築

その6年後の1806年，ハンフリー・デービー（Humphry Davy）により「結合の電気化学的仮説」が発表され，翌1807年，水酸化カリウム（KOH）を電気分解することでカリウム単体（K_2）を得ることに成功した。デービーはこの手法を用いて，同年のうちにナトリウム（Na），カルシウム（K），ストロンチウム（Sr），バリウム（Ba），マグネシウム（Mg）などを得ることにも成功している。その後，デービーの研究を引き継いだマイケル・ファラデー（Michael Faraday）は，「ファラデーの（電気分解の）法則」[†2] など新規な事実を見いだし，電気化学の基礎を築いた。

---

†1　電位の物理的意味については1.5節を参照。
†2　1.2.6項を参照。

〔memo〕　現在では，電気分解は塩素（Cl_2），アルミニウム（Al）などのさまざまな化学物質の生産に用いられ，さらに近年では，エネルギー源として期待される水素の製造法としても研究が進められている。

1.2.3　電気分解の方法，実験など

電気分解をするには
① 電気を流すための電極
② 電圧を印加するための直流電源
③ 電気分解する物質を入れる電解槽

などが必要となる（**図 1.1**）。

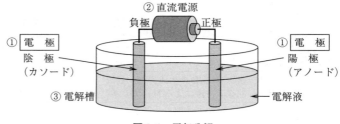

図 1.1　電気分解

①の二つの電極のうち電源の**負極**（negative electrode）と接続するものを**陰極**（**カソード**，cathode），**正極**（positive electrode）と接続するものを**陽極**（**アノード**，anode）と呼ぶ。電極の材質は電気分解の生成物，過電圧などに大きな影響を与える。例えば，工業的規模においては安価かつ安定な炭素電極が用いられ，実験的規模においては炭素以外にも腐食されにくい白金，金などの貴金属電極がよく使用される。また，用途によってはガス拡散電極が使われることもある。さらに，効果的な反応速度，選択的な反応のために，電極触媒が用いられることもある。

②の直流電源は，電気分解を一定方向に進行させるために用いる。
③の電解槽（または電解セル）は電解液を入れる容器のことであ

〔memo〕

る。電解液には，電気分解したい物質を溶媒に溶かした溶液（溶液系）と，加熱して融解させた溶融塩（溶融塩系）とがある。また，水蒸気電解のように固体電解質を用いて気体を電気分解することもある。

溶液系の場合，溶媒には水がよく用いられる。水に不溶の物質の場合は代わりに有機系溶媒が使用される。よく用いられる有機溶媒に，アセトニトリル，塩化メチレン，ジメチルスルホキシド，ジメチルホルムアミド，炭酸プロピレン，テトラヒドロフラン，ベンゾニトリルなどがある。なお，溶媒，支持電解質[†1]などの種類によって電気分解の生成物が異なる場合がある。

溶融塩系の場合は，化合物に融解する試薬として他の物質を混合することがある。例えば，アルミニウムにおける酸化アルミニウムの溶融塩電解（ホール・エルー法）[†2]は有名である。銅においては，粗銅を陽極，純銅を陰極として硫酸銅水溶液中で電気分解して純度の高い銅が生産される。

1.2.4 電気分解の将来

水の電気分解は，将来的なエネルギー源として期待されている水素の生産方法の一つとして研究されている。これに関連して，太陽光発電，水力発電，風力発電などで得られた電力を用いて水を電気分解し，得られた水素を燃料電池で発電に利用することで，自然エネルギーを有効利用する方法が提案されている。**図 1.2**のようにこの電気

---

†1　電解質とは電解液中でイオンに解離し電流を流す物質で，指示電解質とは電流を流す役割のみを担い，電極反応に影響を与えない電解質である。

†2　融解させた融剤（氷晶石とフッ化ナトリウム）をアルミニウムの原料となる酸化アルミニウムと溶融させ，それを炭素電極を使って電気分解する方法。溶融させた酸化アルミニウムと融剤が電気分解されると負極にアルミニウムが集まる。化学反応としては，下記のようになる。

$$Al_2O_3 + 3C \longrightarrow 2Al + 3CO$$

溶融と電気分解で大量の電力を消費するため，アルミニウムは「電気の缶詰」と呼ばれることもある。

[memo]

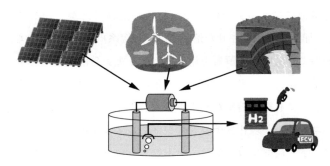

図1.2　自然エネルギーの有効利用

で自動車を走らせれば，自動車からの二酸化炭素排出を抑制することも可能となる。また，未反応の化学種が移動できるような系であれば電気分解が継続し，電極間の電位差が十分に大きければさまざまな物質を電気分解できる。

1.2.5　電気化学反応

図1.1のように電解液に電気を流すと電気分解が起こるが，逆の反応を生じさせて電流を取り出すこともできる（電池）。電気分解と電池の関係を**図1.3**に示す。また，〔1〕，〔2〕で述べる電解セル，電池のことを**電気化学セル**（electrochemical cell）と呼ぶこともある。

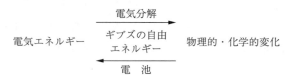

図1.3　電気分解と電池の関係

〔1〕　電 解 セ ル

電気分解を行うための装置を**電解セル**（electrolytic cell）という。図1.1に示した電気分解における電子 e，**カチオン**（**陽イオン**，cation）⊕，**アニオン**（**陰イオン**，anion）⊖の流れを**図1.4**に示す。

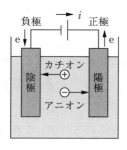

図 1.4 電解セルにおける電子 e, カチオン,アニオンの流れ

電池の負極から電子が供給される陰極は,電池の正極と接続している陽極と比べて電子密度が高く,電位が低い。つまり,陰極では電解液中のカチオンが電子を受け取る**還元反応**(reduction reaction, electronation)が起こっている。

一方,陽極は電池の正極に電子を供給しているため,陰極と比べて電子が不足し,電位が高くなっている。つまり,陽極では電解液中のアニオンが電子を放出する**酸化反応**(oxidation reaction, de-electronation)が起こっている。

〔2〕 電　池

図 1.5 に示すように,電気分解とは逆方向に反応が起こると**電池**(cell)になる。陽極では電解液中のアニオンから電子を受け取り,それを負荷とつながった外部回路へ放出する。そのため,陽極が電池の負極となる。一方,陰極では電解液中のカチオンに渡すための電子を外部回路から受け取るので,陰極が電池の正極となる。このような反応を**電池反応**(cell reaction)という。

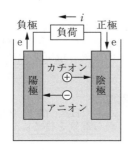

図 1.5 電池における電子 e, カチオン,アニオンの流れ

8　1. 電 気 化 学 の 基 礎

[memo]

〔3〕 電 極 反 応

電極（electrode）とは，外部回路と電気すなわち電子の出入りが起こる部分のことであり，化学反応が起こる部分でもある。材質としては，電子を通すために，金属，グラファイト（炭素），電子伝導性金属酸化物などが用いられる。

電気分解と電池は，たがいに逆向きの反応だったが，これらはいずれも酸化還元反応であり，電極における反応を化学式で表すとつぎのようになる。

$$\text{Oxi} + z\text{e} \underset{\text{酸化}}{\overset{\text{還元}}{\rightleftharpoons}} \text{Red}$$

ここで，Oxi は反応物質の酸化状態，z は電子数，e は電子，Red は反応物質の還元状態である。

また，カチオン M^{z+} に注目すると下記のようになる。

$$M^{z+} + z\text{e} \underset{\text{酸化}}{\overset{\text{還元}}{\rightleftharpoons}} M$$

このように電子の授受を伴って進行する酸化還元反応のことを**電気化学反応**（electrochemical reaction）といい，電気化学反応は電極界面で起こるので，この反応を**電極反応**（electorode reaction）ともいう。

電極反応の例として，酸素水素燃料電池の電極反応式を以下に示す。酸素水素燃料電池は，端子をつなぎ変えることで，電気分解を行ったり，電池として働いたりする。

$$\left.\begin{array}{l} H_2O \longrightarrow \dfrac{1}{2}O_2 + 2H^+ + 2e \\[2mm] 2H^+ + 2e \longrightarrow H_2 \end{array}\right\}$$ 電気分解：
　水素（H_2），酸素（O_2）
　の生成。<u>電気を使う</u>。

$$\left.\begin{array}{l} H_2 \longrightarrow 2H^+ + 2e \\[2mm] \dfrac{1}{2}O_2 + 2H^+ + 2e \longrightarrow H_2O \end{array}\right\}$$ 電池：
　水素（H_2），酸素（O_2）
　から<u>電気を得る</u>。

1.2.6 ファラデーの法則

〔memo〕

1833年にファラデーによって発見された**ファラデーの法則**（Faraday's law）は，「電極反応に関与する物質の量」と「電極を通過する電子の量（電気量）」との定量的な関係を示した法則であり，つぎのように表される。

① 電流が通過することにより電極上において析出または溶解する化学物質の質量は，通過する電気量に比例する。

② 同じ電気量によって析出または溶解する異なった物質の質量は，それらの**化学当量**（chemical equivalent）に比例する。

化学当量には**グラム当量**（gram equivalent）と**モル当量**（molar equivalent）があり，ある化学反応において，1 mol 相当の相手原子に対して必要となる原子のグラム数をグラム当量といい，そのときのモル数をモル当量という。また，溶液中の電荷を持つイオンの化学当量（グラム当量）は

$$溶液中の電荷を持つイオンの化学当量 = \frac{原子量}{荷電数|z|}$$

で表される。

ファラデーの法則の ② で述べていることは，一定の電気量を流したときに生成・消費される物質量はそれぞれの物質ごとにつねに一定ということである。つまり，流した電気量から生成・消費される物質量が求められる。

ところで，1 グラム当量の 1 価のイオンを析出・溶解させるには，アボガドロ定数（$N_A = 6.022\,045 \times 10^{23}$）個の電子の電気量が必要で，この電気量を 1 F で表す。したがって

$$1\,\mathrm{F} = 96\,485\,\mathrm{C}$$

である。この 96 485 を**ファラデー定数**（Faraday constant）F という。ファラデー定数 F は，電気素量[†]を $e = 1.602\,189 \times 10^{-19}\,\mathrm{C}$ とすると

---

† 電子1個分の電気量のこと。

10　　1. 電 気 化 学 の 基 礎

〔memo〕

$$F = N_A \cdot e$$
$$= 6.022\,045 \times 10^{23} \times 1.602\,189 \times 10^{-19}$$
$$\fallingdotseq 96\,485 \quad \text{〔C/mol〕}$$

と求められる。

　また，1 C（＝1 A·s）の電気量で化学変化を受ける物質の量（g または mg）を**電気化学当量**（electrochemical equivalent）といい，化学当量をファラデー定数 F で除したものに等しい。

$$\text{電気化学当量} = \frac{\text{化学当量}}{96\,485}$$

　さまざまなイオンの電気化学当量を**表1.3**に示す。なお，1 C は 1 A·s なので，1 A·h 当りの電気化学量は 1 C の値を 3 600 倍した値である。

　電極上で析出または溶解した物質の質量 W〔g〕は，つぎの式で表される。

表1.3　さまざまなイオンの電気化学当量

カチオン	電気化学当量		アニオン	電気化学当量	
	1 C 当り〔mg〕	1 A·h 当り〔g〕		1 C 当り〔mg〕	1 A·h 当り〔g〕
Ag^+	1.118	4.025	Br^-	0.828	2.981
$\frac{1}{3} Al^{3+}$	0.009 3	0.335	Cl^-	0.368	1.323
$\frac{1}{2} Cd^{2+}$	0.582	2.097	ClO_3^-	0.865	3.114
$\frac{1}{2} Cu^{2+}$	0.329	1.186	$\frac{1}{2} CO_3^{2-}$	0.311	1.119
H^+	0.010 35	0.037 6	F^-	0.197	0.709
Na^+	0.238 3	0.858	NO_3^-	0.643	2.313
$\frac{1}{2} Ni^{2+}$	0.304	1.095	OH^-	0.176	0.634
$\frac{1}{2} Pb^{2+}$	1.074	3.865	$\frac{1}{2} S^{2-}$	0.167	0.598
$\frac{1}{2} Zn^{2+}$	0.339	1.220	$\frac{1}{2} SO_4^{2-}$	0.498	1.792

$$W = \frac{Ite_{\mathrm{q}}}{F}$$

ここで，I は電極と電解液界面を通過した電流の大きさ〔A〕，t は電流の流れた時間〔s〕，e_{q} は析出または溶解した物質の化学質量，F はファラデー定数である。

また，電極と電解液界面を通過した電気量 q 〔C〕は，電流×時間で求められ，化学当量との関係はつぎの式で表される。

$$q = nFz$$

ここで，n は化学当量である。これは電極反応により生成または溶解するイオンのモル数である。また，z は電極反応に関与する物質のイオンの価数である。

ファラデーの法則が成り立つときの電流を**ファラデー電流**（Faradaic current）という。本書で対象とする電流は，特に断りがない限りファラデー電流である。一方，ファラデーの法則が成り立たないような電流を**非ファラデー電流**（non Faradaic current）といい，電気二重層[†]を充電するごく短時間に流れる電流や固体結晶内のイオン電流や電子電流などがある。

例題　水酸化ナトリウム水溶液を電気分解したところ，25℃，0.9868 atm で水素ガス 1.08 m³，酸素ガス 0.54 m³ が生じた。

（1）　何 C の電荷が電解槽を通過したか。

（2）　電気分解を 20 分間行ったとすると，平均電流は何 A か。

【解答】（1）　ガス発生についてはいずれか一方の電極上での反応を考えればよい。そこで水素ガスの発生反応で考える。25℃，0.9868 atm における水素ガス 1.08 m³ のモル数 n は，単位換算に注意して

$$n = \frac{PV}{RT} = \frac{0.9868 \times 0.108 \times 10^{-3}}{8.206 \times 10^{-5} \times 298} \fallingdotseq 4.36 \times 10^{-3} \ \text{〔mol〕}$$

[†]　1.6.8項〔2〕の図1.29を参照。

[memo]

12   1. 電 気 化 学 の 基 礎

と求められる。水素ガス（H_2）の場合は，1 mol が 2 グラム当量に相当する。したがって，電解槽を通過した電気量 q〔C〕は

$$q = 2 \times 4.36 \times 10^{-3} \times 96\,485 \fallingdotseq 841 \quad \text{〔C〕}$$

である。

（2）1 C は 1 A·s なので

$$\frac{841}{20 \times 60} \fallingdotseq 0.701 \quad \text{〔A〕}$$

である。   ♠

1.2.7 電 流 効 率

　電気分解など電気化学反応において，反応を進行させるのに使用した電気量のうち，どれだけが実際に反応に利用されたかを知ることは重要であり，それを**電流効率**（current efficiency）という。電流効率は次式のように生成物のモル比（電析量）もしくは所用電気量比から求められる。なお，生成物のモル比は陰極（カソード）における実際の金属の析出量もしくは陽極（アノード）における実際の金属の溶解量のいずれから求めてもよい。

$$電流効率 = \frac{実際の生成物の量}{生成物の理論量} \times 100 \quad \text{〔\%〕}$$

$$= \frac{目的の電気化学反応に利用された電気量}{全通過電気量（理論電気量）} \times 100 \text{〔\%〕}$$

ここで，全通過電気量はファラデーの法則からつぎのように求められる。

$$全通過電気量 = \frac{zF}{\nu M}$$

ここで，z は反応に関与する電子数，F はファラデー定数，ν は化学量論係数，M は式量である。

　工業電解プロセスでは，電流効率は 90% 以上であることが多い。Al の電解精錬は 89% 程度である。工業電解プロセスのエネルギー特性を**表 1.4** に示す。

1.2 電 気 分 解　　13

表 1.4 工業電解プロセスのエネルギー特性[1]†1

特性値　　　　プロセス	Al 電解精錬	ソーダ電解（隔膜法）	Cu 電解精錬	Zn 電解採取
理論電解電気量 Q_o〔kA·h/t〕	2 980	755（Cl_2）	844	820
理論分解電圧 $|V_r|$〔V〕	1.17	2.3	0.1〔mV〕	2.0
理論電解エネルギー W〔kW·h/t〕	3 490	1 740	0.084	1 640
電気量原単位 Q'〔kA·h/t〕	3 330	794	898	910
電解槽電圧 V_t〔V〕	4.2	3.5	0.3	3.5
エネルギー原単位 W'〔kW·h/t〕	14 000	2 780	269	3 190
電流効率 $\varepsilon_F = \dfrac{Q_o}{Q'}$	0.89	0.95	0.94	0.91
電圧効率 $\varepsilon_V = \dfrac{|V_r|}{V_t}$	0.27	0.65	3.3×10^{-4}	0.57
エネルギー効率 $\varepsilon_W = \varepsilon_V \varepsilon_F$	0.24	0.62	3.1×10^{-4}	0.51
電圧特性 $E = \alpha + \beta i_A$〔V〕	$1.6 + 3.7\,i_A$	$2.6 + 5.0\,i_A$	$0 + 12\,i_A$	$2.7 + 17\,i_A$
アノード電流密度 i_A〔A/cm²〕	0.7	0.2	0.025	0.045

電流効率の低下の原因には，つぎの四つが考えられる。　　〔**memo**〕

① 副反応の存在：　塩化ナトリウム（NaCl）の電解の場合，陽極で発生する酸素（O_2）が電極での電子の授受を妨げる。

② 不純物による電解電流の存在：　銅（Cu）の電解採取の場合，陰極では Fe^{2+} による，陽極では Fe^{3+} による電解電流が生じる。

③ 漏れ電流，短絡：　電極以外の部分で電流が流れるとその電流は電気分解に使われない。また，電極の変形や電極に付着したデンドライト†2 は短絡（ショート）の原因になることがある。

④ 生成物の分解，再酸化：　アルミニウム（Al）の電解の場合，生成した Al が二酸化炭素（CO_2）によって再酸化して元に戻ってしまうことがある。

以上のような低下原因に対して，工業電解プロセスでは

---

†1　肩付き数字は巻末の引用・参考文献の番号を表す。
†2　複数に枝分かれした樹枝状の結晶のこと。この形で成長する結晶は多く，冬の窓に付く霜の雪片もこの一種である。

14　　1.　電 気 化 学 の 基 礎

〔memo〕

- ・電解液の組成，濃度，温度の調整
- ・電流密度[†1] の調整
- ・適切な電極材料の選定
- ・電極触媒の改良[†2]

などの工夫をすることで，効率の低下を抑えている。

1.2.8　電 流 密 度

　電流密度（current density）とは，単位面積を通過する電流のことで，単位は A/m^2，mA/cm^2（もしくは，A/dm^2，A/cm^2）である。電流密度が大きければ電気化学反応は速くなる。つまり，電流密度の大きさが反応速度の大小を表す。

　電気化学反応の一般式は，つぎのように表される。

$$aA + bB + cC + \cdots + ze = lL + mM + nN + \cdots \tag{1.1}$$

ここで，a, b, c, l, m, n は化学量論数，A，B，C，L，M，N は化学種，z は反応電子数，e は電子である。なお，式 (1.1) の左辺にもし「$+ze$」がなければ，式 (1.1) は電気化学反応式ではなく，化学反応式となる。

　反応速度は，単位時間当りの反応物の減少量や生成物の増加量であるので，式 (1.1) の反応速度 v はつぎのように表される。

$$v = -\frac{1}{a}\frac{d[A]}{dt} = -\frac{1}{z}\frac{d[e]}{dt} = \frac{1}{l}\frac{d[L]}{dt} \tag{1.2}$$

ここで，[A]，[e]，[L] は，それぞれ A，e，L の濃度である。

　電流密度 i は，電気素量 $e \times$ 電子数の時間変化なので，式 (1.2) より

$$i \equiv e\frac{d[e]}{dt} = -zev \tag{1.3}$$

と表せる。ここで，式 (1.3) の $-zev$ は単位面積を通過する電流を表

---

†1　1.2.8項を参照。
†2　1.6.9項を参照。

〔memo〕

している。この電流の大きさ $|i|=zev$ にアボガドロ数 N_A をかけると，単位面積を通過する電子のモル数となる。ファラデー定数を F とすると $eN_A=F$ なので，モル単位の電流密度の大きさ $|i|N_A$ は $zevN_A=zFv$ で表される。

したがって，電極のモル単位の反応速度は

$$v=\frac{|i|N_A}{zF}=k[A] \qquad (1.4)$$

で表され，電流密度 i の大きさを求めることで反応速度 v を測定できる。ここで，k は比例定数である。反応速度 v は濃度 $[A]$ に比例する。

通常，電流密度は**みかけの表面積**（apparent surface area）で求めるが，精密な実験の際は，**粗度因子**（roughness factor）（＝真表面積/みかけの表面積）を求めて補正をする。

1.2.9 電　量　計

電気量を測定する装置を**電量計**（**クーロメーター**，coulometer）という。電極上で析出または溶解する物質の質量が，電極を通過する電気量に比例すること[†]を利用している。代表的なものに，銅電量計と銀電量計がある。

- **銅電量計**　　溶液には $CuSO_4$ 溶液を用い，陽極・陰極にはともに Cu 棒を用いる。陰極における重量の増加（銅の析出）を測定する。

$$Cu^{2+}+2e \longrightarrow Cu$$

- **銀電量計**　　溶液には $AgNO_3$ 溶液を用い，陽極にはめっきした Ag 棒，陰極には Pt 棒を用いる。析出した Ag の重量を測定する。

$$Ag^{2+}+2e \longrightarrow Ag$$

現在は，電子回路で（電流・時間）を計測して電気量を表示する

---

†　ファラデーの法則。1.2.6 項を参照。

16　　1. 電 気 化 学 の 基 礎

〔**memo**〕　ディジタルクーロメーターが用いられている。

1.3　溶液の電気伝導

> 本節では，溶液の電気伝導について説明し，さらに溶液の電気伝導
> に関連する比抵抗，比電導度，電気伝導度の測定法などについて詳説
> する。

1.3.1　電 気 伝 導 と は

　電気伝導（electric conduction）とは，**電場（電界）**（electric field）
を印加された物質中において荷電粒子あるいは帯電粒子が加速・減速
されて電荷が移動する，すなわち**電流**（current）が流れるという現
象である（あるいは，回路における電流の流れやすさを示す場合もあ
る）。

1.3.2　電気伝導におけるパラメーター

　物質の電荷担体は主として電子であるが，イオン，正孔なども電荷
担体となる。これらの電荷担体が束縛状態にあるとき（つまり電流と
して流れていないとき），そこに電場が印加されると（つまり電圧が
かかると）電荷担体は電場によって加速され，束縛から解放されて移
動する。ただし，完全に束縛状態から解放されるわけではないので，
反対方向の抵抗を受ける。これを**電気抵抗**（electric resistance）とい
う。単位はオーム（Ω）である。電気抵抗のおもな原因としては，格
子振動，不純物などによる散乱などが挙げられる。

　ところで物体の電気抵抗の値は，同じ材料でつくられていても，
形，大きさ，電流の流し方などによって異なる。それらによらず物質

1.3 溶液の電気伝導　17

〔memo〕

固有の電気抵抗を表すには，**比抵抗**（resistivity）という量を用いる。比抵抗は比電気抵抗の略であり，**抵抗率**ともいう。単位はオーム・メートル（Ω·m）である。比抵抗 ρ は，断面積 $1\,m^2$，長さ $1\,m$ の立方体の一つの相対する面の間の抵抗の大きさである。この面に一様に電流を流すとき，面間の電圧を V，電流を I，比抵抗を ρ とすれば，オームの法則は $V = \rho I$ で表される。抵抗 R の大きさは，長さ l 〔m〕に比例し，断面積 S 〔m^2〕に反比例するので，比抵抗 ρ で抵抗 R を表すと $R = \rho l / S$ となる。

　一方，電流の流れやすさを示すパラメーターを**電気伝導度**（**コンダクタンス**，conductance）G という。単位はジーメンス（S）であり，抵抗の単位 Ω の逆数である（$S = \Omega^{-1}$）。抵抗と同様，電気伝導度も同じ材料でつくられていても，形，大きさ，電流の流し方などによって異なるので，物質固有の電気伝導度を表す量として，**比電導度**あるいは**導電率**（conductivity）がある。これも比抵抗の逆数である。

　比電導度の値は電荷担体の種類によって異なり，電子導電体である銅の比電導度は $6 \times 10^8 \, \Omega^{-1} \cdot cm^{-1}$ であり，一般に他の金属でも同じオーダーの値である。一方，電荷担体がイオンからなる電解質水溶液では比電導度は比較的小さく，金属の比電導度の $1/10^6$ 程度であり，溶融塩でもその値が $10 \sim 20$ 倍程度増えるに過ぎない。

　また，帯電粒子による電導性は温度によって著しく異なる。すなわち，電荷担体が電子のみからなる導電体の比電導度の温度係数は負の値を示し，温度の上昇とともに電気伝導度は悪くなるが，その他の帯電粒子からなる導電体は正の導電係数を有し，温度の上昇とともに電導性が良くなる。このことは電導機構が異なることを示すものであり，導電体の電荷担体の種類を決定することに役立つ特性でもある。

1.3.3　電気伝導度の測定法

　電気伝導度の測定法として，従来からの**ホイートストンブリッジ**

(Wheatstone bridge) を組んだ回路（**図1.6**）での電気伝導度測定法がある。この回路において検流計Dの針が振れない（つまり，A-B間に電流が流れない）場合，キルヒホッフの法則より，図中の抵抗値の間には

$$\frac{R_1}{R_2} = \frac{R_3}{R_4} \tag{1.5}$$

という関係があり，三つの抵抗値が既知であれば，残り一つの抵抗値を求めることができる。具体的には，A-B間の電流がゼロになるように既知の抵抗値のうち一つを変化させ（可変抵抗を用いる），そのときの三つの抵抗値から未知の抵抗値を求める。

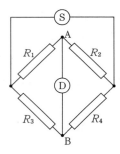

図1.6 ホイートストンブリッジを組んだ回路[6]

1.3.4 当量導電率

溶液の導電率は，**表1.5**に示すように電解質の濃度によって変化する。そのため，溶液の導電率は単位立方体中の1グラム当量当りで比較するとわかりやすい。そのような導電率を**当量導電率**（equivalent conductance）Λといい，つぎのように表される。

$$\Lambda = \frac{\kappa}{\dfrac{C}{1\,000}} = \frac{\kappa}{C^*} \tag{1.6}$$

ここで，κ は導電率，C および C^* はどちらも当量濃度で，それぞれ 1 dm^{-3} 中の溶質のグラム当量〔eq·dm^{-3}〕および 1 cm^{-3} 中の溶質の

〔memo〕

1.3 溶液の電気伝導 *19*

表 1.5 KCl 水溶液の導電率

濃度 〔g-KCl／kg-溶液〕		導電率 〔$\Omega^{-1}\cdot cm^{-1}$〕		
		0℃	18℃	25℃
71.135 2	(1 mol·dm^{-3})	0.065 18	0.097 84	0.111 34
7.419 13	(0.1 mol·dm^{-3})	0.007 138	0.011 167	0.012 856
0.745 263	(0.01 mol·dm^{-3})	0.000 773 6	0.001 220 5	0.001 408 7

グラム当量〔eq·cm^{-3}〕である。なお，eq は当量であることを示す。

当量導電率 Λ は，電解質の濃度と比電導度（導電率）を測定することで，式（1.6）から求められる。

電解質は**強電解質**（strong electrolyte）と**弱電解質**（weak electrolyte）に分けることができる。強電解質には HCl，KOH，KCl などがあり，これらの希薄溶液の当量導電率 Λ と濃度 C の平方根 $\sqrt{C}$ は直線関係となる。一方，弱電解質には CH$_3$COOH や ZnSO$_4$ などがあり，濃度 C が増加すると当量導電率 Λ は減少し，Λ と濃度 C の平方根 $\sqrt{C}$ は直線関係にならない。

ところで現実の溶液では，溶質粒子間で何らかの相互作用が生じているが，溶質の濃度が低くなるにつれてその相互作用は弱くなっていく。溶質粒子間の相互作用を完全に無視できる溶液を**理想溶液**（**理想希薄溶液**）（ideal solution）といい，そのときの濃度を**無限希釈**（infinite dilution）という。理想溶液中の溶質粒子（イオン）は，理想気体中の気体分子同様，たがいに独立した理想的な振舞いをする。強電解質では容易に実現できるが，弱電解質では実現が難しい。

ここで，無限希釈における当量導電率を Λ^{∞} で表す。Λ^{∞} については，コールラウシュの法則として，**コールラウシュの平方根則**（Kohlraush's square root law）（経験式）と**イオン独立移動の法則**（law of the independent ionic migration））が知られている。

コールラウシュの平方根則： $\Lambda = \Lambda^{\infty} - k\sqrt{C}$

ここで，k は定数であり，1 価-1 価では電解質によらずほぼ一定の値

〔memo〕である。

イオン独立移動の法則： $\Lambda^\infty = \lambda_+^\infty + \lambda_-^\infty$

ここで，λ_+^∞ と λ_-^∞ は，それぞれカチオンとアニオンの無限希釈における**当量イオン導電率**（equivalent ionic conductance）である。

イオン独立移動の法則は，無限希釈下においてはカチオンとアニオンの間に相互作用がなく，理想溶液として振舞うことを意味している。

1.4　電池と電気化学平衡

　本節では，電池および電気化学平衡について詳説し，さらにこれらの基本となる電池の種類，起電力，電池の表記，起電力の測定，不可逆電池と可逆電池などについて述べる。

1.4.1　電池の起電力

〔1〕　電池の種類

電池はつぎの3種類に分類できる。

① **化学電池**（chemical cell, chemical battery）　任意の液体（電解質）に異なる金属体あるいはほかの導電体（電極）が浸った（接触した）状態で構成され，液体と電極の間で化学変化（金属の溶解，析出，イオンの移動，ガスの発生など）が起こる。すなわち，化学電池は化学エネルギー（酸化還元反応を伴うギブズの自由エネルギー）を電気エネルギーに変換する装置である。マンガン乾電池，アルカリ乾電池や鉛蓄電池，リチウムイオン電池など，大半の電池はこれに相当する。

② **濃淡電池**（concentration cell）　二つの電極系を構成する成分は同じで，溶液の濃度が異なる同一の溶液または異種の溶液が

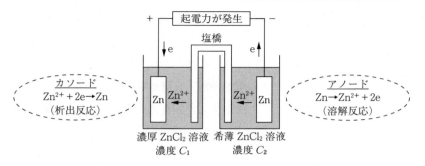

図1.7 濃淡電池の原理

接した状態で構成される（**図1.7**）。溶液の濃度の違いにより電極では析出もしくは溶解の反応が起き，起電力が発生する。

③ **物理電池**（physical cell）　化学変化を伴わずに電子やイオンの移動によって蓄電する電池である。例として，太陽電池やキャパシター（コンデンサー）などがある。太陽電池は光エネルギーを電気エネルギーに変換するデバイスである。

〔2〕 **起電力とは**

一般的に電池は**図1.8**（a）に示すように，電子導電体である電極がイオン導電体である溶液（電解質）を挟んだ構成になっている。電池の中の電子導電体とイオン導電体の**相界面**（phase boundary）ではポテンシャルが発生し，二つの相界面（相界面（1），相界面（2））に生じるポテンシャルの差を電池は電位差として取り出している

〔memo〕

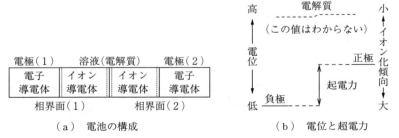

図1.8 電池の構成と起電力

〔memo〕 （図（b））。この電位差が電池の**起電力**（electromotive force：EMF）E である。

　電池を外部の回路に接続すると電流が流れる。この電流を流している（放電している）ときの電池の電圧を**電池電圧**（cell voltage）といい，電池の起電力とは区別をする[†1]。電池の起電力とは，**開回路**（open circuit）（スイッチが開いて電流が流れていない状態，もしくは電池を外部の回路に接続していない状態）における発生電位のことをいう[†2]。つまり，電池から電流が流れていない平衡状態における電池が示す電圧である。この起電力は **OCV**（open circuit voltage）と略して表現されることも多い。

　見方を変えると，電池の起電力とは「電子を移動させようとする力」でもあり，そのため英語では electromotive force（EMF）と表現される。

〔3〕 **電池の表記**

　化学式を使って電池を表記する場合は，以下の定義に従って表記する。このようにして表記されたものを**電池図**（cell representation）という。

　電池図では，電位差の発生する相界面を縦線で表す。両電解液の接する界面を 2 本の縦線で表現することもある。二つの電解液の間に液絡（塩橋：物質移動により生じる液間電位を除くために用いる）を挿入した場合などがこれに当たる。

　例として，**ダニエル電池**（Daniell cell）（**図 1.9**）の場合は以下のように表記する。

$$Zn \,|\, ZnSO_4 \,|\, CuSO_4 \,|\, Cu \quad （または \quad Zn \,|\, ZnSO_4 \,\|\, CuSO \,|\, Cu）$$

　電池には負極と正極の二つの電極があるが，その片方（**単極**（single electrode））の反応を**半反応**（half-cell reaction）（**単極反応**（single-

---

†1 　内部抵抗のため，電池電圧は電池の起電力よりも低い値となる。

†2 　〔6〕を参照。

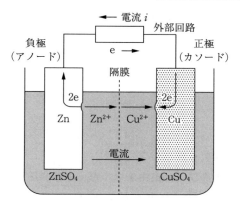

図1.9 ダニエル電池の概念図

electrode reaction)) という。半反応はつぎのように表す。

$$Zn \longrightarrow Zn^{2+} + 2e \quad (Zn^{2+}が溶解)(イオン化傾向が大きい)$$

$$Cu^{2+} + 2e \longrightarrow Cu \quad (Cuが析出)(イオン化傾向が小さい)$$

左側が負極(電子eを生じる),右側が正極(電子eがイオンと結合する)になり,電極内部では左から右に向けて電流が流れる。

単極のことを**半電池**(half-cell,電池の正極⊕または負極⊖:半分ずつ)ともいい,以下のように表現することもできる。なお,⊕,⊖は参考までに示したので,慣れてきたら記載しなくてもよい。

$$(\ominus)\underbrace{Zn|Zn^{2+}}_{E(左)}|\underbrace{Cu^{2+}|Cu}_{E(右)}(\oplus)$$

半電池(電池の半分ずつ)

起電力の値は,半反応の電池図より

$$E = E(右) - E(左) \cdots \quad (1.7)$$

で求められる。ここで,E(右)は右側の電極の電位,E(左)は左側の電極の電位であり,$[Cu^{2+}] \ll [Zn^{2+}]$ でない限り,$E>0$ である。

以上をまとめると,電池反応(全反応)は以下のように表記される。

〔memo〕

$$Zn + Cu^{2+} \longrightarrow Zn^{2+} + Cu$$

ところで，上記の半電池の反応を，もし

$$Cu \mid Cu^{2+} \mid Zn^{2+} \mid Zn$$

と表記したとすると

$$Cu + Zn^{2+} \longrightarrow Cu^{2+} + Zn$$

の反応が起こることになり，$[Cu^{2+}] \ll [Zn^{2+}]$ でない限り $E < 0$ になり，自発的に反応は進行しなくなる。

〔4〕 起電力とギブズの自由エネルギーとの関係

可逆電池[†1] において，起電力 E は式 (1.7) である。ここで，電荷 Q が移動するときになされた仕事は QE であり，n 当量の反応物が生成物に変わる電池の場合，nF $(=Q)$ の電荷が外部回路に流れる。ここで，F はファラデー定数である。このとき電池のなした仕事の分だけ系の**ギブズの自由エネルギー**（Gibbs free energy）[†2] が減少する。その減少量を $-\Delta G$ とすると，つぎのように表せる。

$$-\Delta G = nFE \tag{1.8}$$

$$= RT \ln K \quad (K：電池反応の平衡定数)$$

すなわち，電池は化学変化に伴う ΔG に相当する化学エネルギーを電気的エネルギーに変換するデバイスであることを意味している。ここで，起電力 E が $E > 0$ であれば，式 (1.8) より $\Delta G < 0$ となり，反応は自然に進行する。

〔5〕 起電力と熱力学的諸量との関係

ギブズの自由エネルギーの変化量 ΔG は，エンタルピーの変化量 ΔH とエントロピーの変化量 ΔS，絶対温度 T との間に以下の関係が成り立つ。

$$\Delta G = \Delta H - T\Delta S \tag{1.9}$$

ここで，**ギブズ・ヘルムホルツの式**（Gibbs-Helmholts equation）は

---

†1 1.4.3項〔2〕を参照。
†2 等温等圧条件下で非膨張の仕事として取り出し可能なエネルギー（示量性状態量）。

$$\left[\frac{\partial(\Delta G)}{\partial T}\right]_p = -\Delta S \tag{1.10}$$

なので,式 (1.8) 〜 (1.10) より

$$\Delta H = -nFE + nFT\left(\frac{\partial E}{\partial T}\right) \tag{1.11}$$

を得る。この式は,起電力 E が温度依存することを示しており,温度 T を変化させたときの起電力の変化から ΔH, ΔS を求められることを表している。

〔6〕 起電力の測定

電池の起電力は,開回路(電流 0 の状態)で測定する。起電力の測定には**図 1.10** に示すように**電位差計**(potentiometer)を用いて,ポッゲンドルフ(Poggendorff)の補償法により行う。

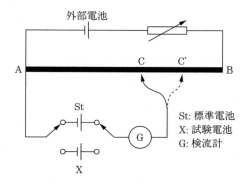

図 1.10 電位差計を用いた起電力の測定回路

手順は以下のとおりである。

| 1 | スイッチを標準電池[†1]St 側につなぐ。

| 2 | C の位置を移動させ,検流計[†2](Galvanometer) G により平衡点(電流 0 となる位置)を探す(外部電池の電圧と釣り合ったところで電流が 0 になる)。

---

† 1 1.4.2 項を参照。
† 2 検流計の感度は,$10^{-8} \sim 10^{-9}$ A 程度である。

26   1. 電 気 化 学 の 基 礎

〔memo〕

    3   スイッチを試験電池 X 側に切り換える。

    4   2 と同様に，AB 上で新たに平衡点 C′ を求める。

    5   試験電池 X の起電力をつぎの関係式から求める。

$$\text{試験電池 X の起電力} = \text{標準電池 St の起電力} \times \frac{\text{AC′ の長さ}}{\text{AC の長さ}}$$

なお，2 と 4 で電流を 0 とするのは，内部抵抗による iR 損[†]の影響を避け，平衡状態の電池の起電力を測定するためである。

以上をまとめると，起電力はつぎのように示される。

電池の起電力の符号は，つぎに示すストックホルム会議（Stockholm Convention）において定められた定義 ① 〜 ③ に従う。

① 電池の起電力 E は，ギブズの自由エネルギー ΔG とつねに $-\Delta G = nFE$ の関係にある。

② 電池は，その起電力 E が，電池図の左側の電極電位 E_1 を基準（0）として測られた右側の電極電位 E_2 と一致するように表現する。すなわち，$E = E_2 - E_1$ となる。

③ ある電極の電位 E は，その電極電位 E_2 を右側におき，左側に標準水素電極をおいて組み立てられた電池の起電力に等しい。すなわち，$E = E_2 - 0$ となる。

これらは，自然に起こる電池反応はすべて $\Delta G < 0$ であるから電池の起電力は正であり，電池図では正極を右側において書くことを示す。すなわち，起電力が負になる反応は自然には進行しないことを示す。

1.4.2 標 準 電 池

図 1.11 に起電力の測定によく使われるウエストン（Weston）の**標準電池**（standard cell）を示す。ウエストンの標準電池の化学式は

---

†　1.6.4 項を参照。

1.4 電池と電気化学平衡

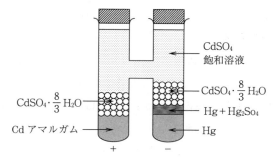

図 1.11　ウエストンの標準電池（Cd 標準電池）

$$Cd(s) + Hg_2SO_4(s) + \frac{8}{3}H_2O(l) \rightleftharpoons CdSO_4 \cdot \frac{8}{3}H_2O(s) + 2Hg(l) \quad (1.12)$$

であり（式中の (s) は固体，(l) は液体を表す），式 (1.11) において Hg，Cd は以下のように価数が変化する。

Hg　+1 $\rightleftharpoons$ 　0

Cd　　0 $\rightleftharpoons$ +2

また，温度 t〔℃〕におけるウエストンの標準電池の起電力 E は

$E = 1.018\,3 - 0.000\,040\,75(t-20)$ 〔V〕

であり，温度による変化が小さいという特徴がある。

1.4.3　不可逆電池と可逆電池

〔1〕　不可逆電池

不可逆電池（irreversible cell）には，つぎのような特徴がある。

- 開回路（両極を導線で結ばなくても）でも反応が進行する。
- 熱力学的に非可逆（不可逆）である。
- 系が平衡にない。

◀例▶　ボルタ（Volta）電池

〔電池図〕　Zn | dil. H_2SO_4[†] | Cu

---

†　dil. H_2SO_4 の dil. は diluted の略で，dil. H_2SO_4 は希硫酸を意味する。

[memo]

28　　1. 電気化学の基礎

ボルタ電池の起電力は，約1Vである（25℃において）。

〔2〕 可逆電池

可逆過程とは，平衡状態下で進む反応のことである。**可逆電池**（reversible cell）には，つぎのような特徴がある。

- ・開回路（両極を導線で結ばない）では反応が起こらない。
- ・熱力学的に可逆である。
- ・系はどのような段階においても平衡である。

◀例▶　ダニエル電池

〔電池図〕　　Zn│ZnSO₄│CuSO₄│Cu

ダニエル電池の起電力は，約1.1Vである（25℃において）。

1.5　電　極　電　位

本節では，電極電位について解説し，さらに電極電位に関連する化学ポテンシャル，電気化学ポテンシャル，電極電位の尺度，電極電位の規約，標準電極電位（ネルンストの式），単極電位の測定法，参照電極などについて詳説する。

1.5.1　化学ポテンシャルと電気化学ポテンシャル

電池の起電力，**電極電位**（electrode potential）は，**ポテンシャル**（potential）として理解することが重要である。電極電位に関係するポテンシャルは，以下の3種類に大別される。

- ・静電ポテンシャル
- ・化学ポテンシャル
- ・電気化学ポテンシャル

以下，それぞれのポテンシャルについて述べる。

〔1〕 静電ポテンシャル

静電ポテンシャル（electrostatic potential）の概念を**図1.12**に示す。ここで，α相を電荷を持っている相とする。図中のΦは**内部電位**（inner potential）または**ガルバニ電位**（Galvani potential）といい，α相内部と真空中の無限遠方（ここを基準とする）との電位差である。

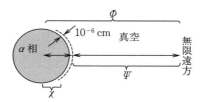

図1.12 静電ポテンシャルの概念

この内部電位Φを，さらに以下の外部電位Ψと表面電位χの二つに分ける。

- **外部電位**（outer potential）Ψ **ボルタ電位**（Volta potential）ともいい，無限遠方から電荷を近づけたときに生じる**鏡像力**[†]（image force）の影響の及ばない最近接位置（α相から10^{-6} cm付近）までの間の電位差である。この値は実測可能（同じ空間中の2点の電位差）である。

- **表面電位**（surface potential）χ α相より約10^{-6} cm付近の鏡像力の及ばない位置から（界面に生じている双極子などが存在するところを経て）のα相内部に至るまでの電位差である。この値は実測不可能である。

以上の関係をまとめると，次式の関係になり，表面電位χが実測不可能なため，内部電位Φも実測は不可能である。

$$\Phi = \Psi + \chi \tag{1.13}$$

[†] 導体（α相）に電荷が近づくときに，α相表面に反対符号の電荷が誘導され，その電荷（誘導電荷）がもとの近づいてきた電荷に及ぼす引力のこと。

[memo]

30 　1．電 気 化 学 の 基 礎

〔2〕 化学ポテンシャル

化学ポテンシャル（chemical potential）μ_i とは，化学成分に対するポテンシャルであり，系のギブズの自由エネルギーの変化量（示強変数）として次式のように定義される。

$$\mu_i = \left(\frac{\partial G}{\partial n_i}\right)_{T,P,n_j(j \neq i)} \tag{1.14}$$

ここで，n_i は化学種 i のモル数である。式（1.14）は次式のようにも表される。

$$\mu_i = \mu_i^0 + RT \ln a_i \tag{1.15}$$

ここで，a_i は化学種 i の活量である。μ_i^p は化学種 i の活量が1である相に i を単位量出現させるのに要する仕事である。μ_i の絶対値は測定不可能である。

〔3〕 電気化学ポテンシャル

電気化学ポテンシャル（electrochemical potential）$\tilde{\mu}_i$ は，次式のように化学的仕事と電気的仕事の和であり，$z_i e$（z_i は i の荷電数）の電荷を持つ1 mol のイオン i を内部電位 Φ の α 相に運び込むための仕事に対応している。ここで，$z_i F$ は1 mol の i を考えていることに対応している。

$$\tilde{\mu}_i = \mu_i + z_i F \Phi \tag{1.16}$$

1.5.2　電極電位の尺度

電極電位は，電極（例えば金属）と電解質（例えば電解液）の界面に発生する電位である。以前は，**滴下水銀電極**（dropping mercury electrode：DME）を基準にしていたが，現在は**標準水素電極**（standard hydrogen electrode：SHE または normal hydrogen electrode：NHE）との間の電位差で表される。

基準[†]には標準水素電極に対する電位が既知である**照合電極**

[†]　ここでは1.5.1項〔1〕の静電ポテンシャルの無限遠方が基準ではないことに注意。

(reference electrode) として，カロメル電極[†1]，銀–塩化銀電極[†2] が使用されることもある。

1.5.3 電極電位の規約

電極電位に関する規約は，1969年にIUPAC (International Union of Pure and Applied Chemistry，アイユーパック) でつぎのように制定された。

> 電極電位とは，左側に標準水素電極を持ち，右側に対象とする電極を持った電池の起電力とする。

ここで，定温，定圧下におけるギブズの自由エネルギーの変化 $-\Delta G$ は，水素電極反応

$$2H^+ + 2e \rightleftarrows H_2$$

において温度によらずゼロと規約されている。

したがって，標準水素電極（SHEまたはNHE）の電位を E_H^0（平衡電位）とすると

$$E_H^0 = 0 \; [V] \quad （温度によらない）$$

である。この定義により，電極電位は正，負の値を取る。なお，電極電位は酸化還元電位ということもある。

これらを比較するときは，高低，大小という言い方はせず，**貴** (noble)，**卑** (less noble) で表現する（**図1.13**）。ただし，最近は高

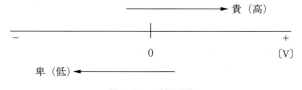

図1.13　電極電位

[†1] 1.5.6項〔2〕を参照。
[†2] 1.5.6項〔3〕を参照。

32　　1．電気化学の基礎

〔memo〕　低で表現することもある。なお，Na が卑金属，Ag が貴金属と呼ばれ
るのはこの電極電位の貴卑に由来する。

電極電位と物性の関係は**表1.6**のようになっている。

表1.6　電極電位と物性の関係

電極電位	卑→貴
イオン化傾向	大→小
酸化剤の強さ	弱→強
還元剤の強さ	強→弱
電子親和力	小→大

1.5.4　標準電極電位

電極反応が以下の場合を考える。

$$\text{Oxi} + z e \rightleftharpoons \text{Red} \tag{1.17}$$

ここで，Oxi は酸化体，Red は還元体を表す。

式（1.17）の左辺 → 右辺は還元反応であり，**カソード反応**（cathodic reaction），左辺 ← 右辺は酸化反応であり，**アノード反応**（anodic reaction）である。

反応に関わる各化学種の**活量**[1]（activity）がそれぞれ1の状態にあるときの電極（各単極）の電位を**標準電極電位**（standard electrode potential）といい，E^0 と表記する。基準は標準水素電極（SHE または NHE）とする。これらの値を**表1.7**に示す。ここで，標準状態は以下のように定義する。

・溶　液：　溶質濃度が 1 mol/kg の状態。正確には活量1である。
・気　体：　気体の分圧が 1 atm（1.01×10^5 Pa）の状態。正確には**フガシティ**[2]（fugacity）が1である。

また，標準状態における電池の起電力 E^0 は左右の標準電極電位の

---

†1　実在溶液における濃度，すなわち実効モル濃度のこと。
†2　ある実在気体と同じ化学ポテンシャルを持つ理想気体の圧力のこと。

1.5 電 極 電 位   33

表1.7 電解質水溶液の標準電極電位（25℃）

電極（半電池）	電極反応	標準電極電位 E^0〔V vs. SHE〕
酸性溶液		
$Li^+\|Li$	$Li^+ + e \rightleftharpoons Li$	-3.045
$K^+\|K$	$K^+ + e \rightleftharpoons K$	-2.925
$Ba^{2+}\|Ba$	$Ba^{2+} + 2e \rightleftharpoons Ba$	-2.906
$Sr^{2+}\|Sr$	$Sr^{2+} + 2e \rightleftharpoons Sr$	-2.888
$Ca^{2+}\|Ca$	$Ca^{2+} + 2e \rightleftharpoons Ca$	-2.866
$Na^+\|Na$	$Na^+ + e \rightleftharpoons Na$	-2.714
$Mg^{2+}\|Mg$	$Mg^{2+} + 2e \rightleftharpoons Mg$	-2.363
$Al^{3+}\|Al$	$Al^{3+} + 3e \rightleftharpoons Al$	-1.662
$Mn^{2+}\|Mn$	$Mn^{2+} + 2e \rightleftharpoons Mn$	-1.180
$Zn^{2+}\|Zn$	$Zn^{2+} + 2e \rightleftharpoons Zn$	$-0.762\,8$
$Cr^{3+}\|Cr$	$Cr^{3+} + 3e \rightleftharpoons Cr$	-0.744
$Fe^{2+}\|Fe$	$Fe^{2+} + 2e \rightleftharpoons Fe$	$-0.440\,2$
$SO_4{}^{2-}\|CdSO_4 \cdot \frac{8}{3}H_2O\|Cd\|Hg$ アマルガム（カドミウム電極）	$CdSO_4 + 2e \rightleftharpoons Cd + SO_4{}^{2-}$ （$CdSO_4 \cdot \frac{8}{3}H_2O$ の飽和液として）	-0.435
$Cd^{2+}\|Cd$	$Cd^{2+} + 2e \rightleftharpoons Cd$	$-0.402\,9$
$SO_4{}^{2-}\|PbSO_4\|Pb$　（鉛電極）	$PbSO_4 + 2e \rightleftharpoons Pb + SO_4{}^{2-}$	$-0.358\,8$
$Co^{2+}\|Co$	$Co^{2+} + 2e \rightleftharpoons Co$	-0.277
$Ni^{2+}\|Ni$	$Ni^{2+} + 2e \rightleftharpoons Ni$	-0.250
$Sn^{2+}\|Sn$	$Sn^{2+} + 2e \rightleftharpoons Sn$	-0.136
$Pb^{2+}\|Pb$	$Pb^{2+} + 2e \rightleftharpoons Pb$	-0.126
$H^+\|H_2\|Pt$　（標準水素電極）	$2H^+ + 2e \rightleftharpoons H_2$	$0.000\,0$
$Br^-\|AgBr\|Ag$	$AgBr + e \rightleftharpoons Ag + Br^-$	$+0.071\,3$
$Cu^{2+},\ Cu^+\|Pt$	$Cu^{2+} + e \rightleftharpoons Cu^+$	$+0.153$
$Cl^-\|AgCl\|Ag$（銀-塩化銀電極）	$AgCl + e \rightleftharpoons Ag + Cl^-$	$+0.222\,5$
$Cl^-\|Hg_2Cl_2\|Hg\|Pt$（カロメル電極）	$Hg_2Cl_2 + 2e \rightleftharpoons 2Hg + 2Cl^-$	$+0.267\,6$
$Cu^{2+}\|Cu$	$Cu^{2+} + 2e \rightleftharpoons Cu$	$+0.337$
$I^-\|I_2\|Pt$	$I_3{}^- + 2e \rightleftharpoons 3I^-$	$+0.536$
$SO_4{}^{2-}\|Hg_2SO_4\|Hg$	$Hg_2SO_4 + 2e \rightleftharpoons 2Hg + SO_4{}^{2-}$	$+0.615\,1$
$SO_4{}^{2-}\|Ag_2SO_4\|Ag$	$Ag_2SO_4 + 2e \rightleftharpoons 2Ag + SO_4{}^{2-}$	$+0.654$

34   1. 電 気 化 学 の 基 礎

表 1.7 電解質水溶液の標準電極電位（25℃）（つづき）

電極（半電池）	電極反応	標準電極電位 E^0〔V vs. SHE〕
Fe^{3-}, Fe^{2+}|Pt	$Fe^{3+} + e \rightleftharpoons Fe^{2+}$	$+0.771$
Hg_2^{2+}|Hg	$Hg_2^{2+} + 2e \rightleftharpoons 2Hg$	$+0.788$
Ag^+|Ag	$Ag^+ + e \rightleftharpoons Ag$	$+0.799\,1$
Pt^{2+}|Pt	$Pt^{2+} + 2e \rightleftharpoons Pt$	約 $+1.2$
Cl^-|Cl_2|Pt　（塩素電極）	$Cl_2 + 2e \rightleftharpoons 2Cl^-$	$+1.359\,5$
Pb^{2+}|PbO_2|Pb	$PbO_2 + 4H^+ + 2e \rightleftharpoons 2Pb^2 + + 2H_2O$	$+1.455$
Au^{3+}|Au	$Au^{3+} + 3e \rightleftharpoons Au$	$+1.498$
MnO_4^-, Mn^{2+}|Pt	$MnO_4^- + 8H^+ + 5e \rightleftharpoons Mn^{2+} + 4H_2O$	$+1.51$
SO_4^{2-}, H^+|$PbSO_4$|PbO_2　（酸化鉛電極）	$PbO_2 + SO_4^{2-} + 4H^+ + 2e \rightleftharpoons PbSO_4 + 2H_2O$	$+1.682$
Au^+|Au	$Au^+ + e \rightleftharpoons Au$	$+1.691$
F^-|F_2|Pt	$F_2 + 2e \rightleftharpoons 2F^-$	$+2.87$
塩基性溶液		
SO_4^{2-}, SO_3^{2-}|Pt	$SO_4^{2-} + H_2O + 2e \rightleftharpoons SO_3^{2-} + 2OH^-$	-0.93
OH^-|H_2|Pt	$2H_2O + 2e \rightleftharpoons H_2 + 2OH^-$	$-0.828\,06$
OH^-|O_2|Pt	$O_2 + H_2O + 4e \rightleftharpoons 4OH^-$	$+0.401$
MnO_4^-|MnO_2|Pt	$MnO_4^- + 2H_2O + 3e \rightleftharpoons MnO_2 + 4OH^-$	$+0.588$

〔**memo**〕　差で表され

$$E^0 = E^0(右) - E^0(左) \tag{1.18}$$

式（1.18）の反応の平衡にある電極電位 E は

$$E = E^0 + \frac{RT}{zF} \ln \frac{a_{Oxi}}{a_{Red}} \tag{1.19}$$

と表せる。ここで，a_{Red}，a_{Oxi} はそれぞれ還元体 Red，酸化体 Oxi の活量である。この式は，電極電位の活量による変化を表している。ここで，$a_{Oxi} = a_{Red} = 1$ のとき，$E = E^0$ となる。

式（1.19）に関連して，つぎの電池反応（一般の反応式と同じ）

$$a\mathrm{A} + b\mathrm{B} + \cdots + ze \underset{酸化反応}{\overset{還元反応}{\rightleftharpoons}} x\mathrm{X} + y\mathrm{Y} + \cdots$$

において，各化学種の活量が 1，すなわち標準状態におけるギブズの

自由エネルギーの変化量を ΔG^0 とすると

$$\Delta G = \Delta G^0 + RT \ln \frac{a_X{}^x a_Y{}^y \cdots}{a_A{}^a a_B{}^b \cdots} \tag{1.20}$$

となる。ここで，a_X，a_Y，a_A，a_B は，それぞれ化学種 X，Y，A，B の活量である。

　ここで，式 (1.20) を式 (1.8) で示した $-\Delta G = nFE$ に代入し，E について整理すると

$$\begin{aligned} E &= -\frac{\Delta G}{zF} = -\frac{\Delta G^0}{zF} - \frac{RT}{zF} \ln \frac{a_X{}^x a_Y{}^y \cdots}{a_A{}^a a_B{}^b \cdots} \\ &= E^0 - \frac{RT}{zF} \ln \frac{a_X{}^x a_Y{}^y \cdots}{a_A{}^a a_B{}^b \cdots} \end{aligned} \tag{1.21}$$

となる。この式は**ネルンストの式** (Nernst equation) と呼ばれており，電気化学の基本式の一つで重要な式である。なお，25℃において は

$$E = E^0 - \frac{0.059\,1}{z} \log \frac{a_X{}^x a_Y{}^y \cdots}{a_A{}^a a_B{}^b \cdots} \tag{1.22}$$

ここで，すべての活量が 1 のときが標準状態であり，そのとき

$$E^0 = -\frac{\Delta G^0}{zF} = \frac{RT}{zF} \ln K \qquad (K：電池反応式に対する平衡定数) \tag{1.23}$$

となる。この E^0 が電池の標準起電力である。表 1.7 は，つぎに示す 電池の標準起電力によって定義されたと考えてもよい。

$$H_2(Pt\text{-}Pt)\,|\,H^+ \parallel M^{z+}\,|\,M$$

$$(1\,atm) \quad (1\,mol/kg)\,(1\,mol/kg)$$

$$(a_{H^+}=1) \qquad (a_{M^{z+}}=1)$$

$$E^0 = E_M{}^0 - E_H{}^0 = E_M{}^0$$

$$\therefore E_H{}^0 = 0$$

　つまり，半電池 $M^{z+}\,|\,M$ の標準電極電位 $E_M{}^0$ に等しい（**図 1.14**）。 ここで，正極で起こる反応は，$M^{z+}\ +\ ze\ \longrightarrow\ M$ である。

[memo]

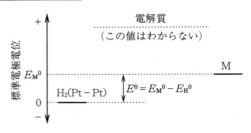

図1.14 標準電極電位の概念

◀例▶ 標準状態のダニエル電池の（標準）電極電位 E^0

$$E^0 = E_{Cu}^0 - E_{Zn}^0$$
$$= 0.337 \text{[V]} - (-0.763 \text{[V]})$$
$$= 1.100 \text{[V]}$$

◀例▶ 標準状態にない電極の電極電位 E

半電池を

$$M^{z+} | M$$

とすると，電池反応は

$$M^{z+} + ze \rightleftarrows M$$

であり，純金属は $a_M = 1$ であるので，式 (1.21) より

$$E_M = E_M^0 - \frac{RT}{zF} \ln \frac{1}{a_{M^{z+}}} \tag{1.24}$$

となる。

ダニエル電池においては，半電池は

$$Zn^{2+} | Zn : \quad Zn^{2+} + 2e \rightleftarrows Zn$$
$$Cu^{2+} | Cu : \quad Cu^{2+} + 2e \rightleftarrows Cu$$

であり，放電時の全電池反応は

$$Zn + Cu^{2+} \longrightarrow Zn^{2+} + Cu$$

である。標準状態にないときの起電力 E は

$$E = E_{Cu} - E_{Zn}$$

であり，式 (1.24) より

〔memo〕

$$E = E^0 - \frac{RT}{zF} \ln \frac{a_{Zn^{2+}}}{a_{Cu^{2+}}} \tag{1.25}$$

となる。ここで，$E^0 = E_{Cu}{}^0 - E_{Zn}{}^0$ である。これがダニエル電池におけるネルンストの式である。

例題 $Cu|CuSO_4$（$a_{Cu^{2+}} = 0.01\,mol/L$）の 25℃ における電極電位を求めよ。

【解答】 式（1.25）より

$$E = E^0 - \frac{RT}{zF} \ln \frac{1}{a_{Cu^{2+}}}$$

$$Cu^{2+} + 2e \rightleftharpoons Cu$$

表 1.7 より，$E^0 = 0.337$〔V vs. SHE〕[†1]，$z = 2$ だから

$$E = 0.337 - \frac{0.059\,1}{2} \ln \left(\frac{1}{0.01}\right)$$

$$= 0.277\,9 \quad 〔V\ vs.\ SHE〕 \quad \spadesuit$$

1.5.5 単極（電極）電位の測定

1.5.1 項で述べたように，外部電位 Ψ は測定可能であるが，表面電位 χ は測定不可能である。つまり，一つの単極だけでは電位を測定することは不可能である。

そこで単極電位を測定するには，単極電位が既知である別の単極と組み合わせて電池を構成し，その起電力（EMF）から電位を求める。そのとき，電位は何を基準にしたかを明記する必要がある。

ここで，単極電位が既知で基準になる電極を参照電極または照合電極という[†2]。

単極電位の測定法は電池の起電力とまったく同じである。なお，参照電極との液絡として，**塩橋**（salt bridge）を用いる。塩橋は，以下

---

† 1　vs. SHE は，SHE を基準にしたときの電位。
† 2　1.5.6 項を参照。

[memo] の役割をする†。

① 液の混合を防ぐ。

② 液間起電力を極力小さくする。

1.5.6 参 照 電 極

〔1〕 標準水素電極（SHE または NHE）

電極電位測定の基準となる参照電極としてよく用いられる標準水素電極の構成図を図 1.15（a）に示す。

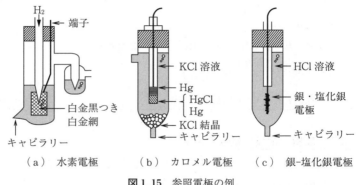

図 1.15　参照電極の例

電極の中は，1 atm の H_2（$a_{H^+}=1$）にする。ここで用いられている白金網上には白金黒がめっきされており，表面積を大きくして，反応の進行を早める効果がある。

この電極の半電池表記は

$$Pt, H_2(1\ atm)|H^+(a_{H^+}=1)$$

と表され，電極反応は

$$\frac{1}{2}H_2 \rightleftarrows H^+ + e \tag{1.26}$$

と表される。この電極は水素ガスを用いるなど取り扱いが大変であるが，基準電極として用いられている。

---

† 2.2.1 項を参照。

　　　　　　　　　　　　　　　　　1.5　電　極　電　位　　*39*

〔memo〕

〔2〕　カロメル電極

　カロメル電極（calomel electrode）は標準水素電極に対する電位が
既知であり，参照電極として多く使用されている。カロメル電極の構
成図を図1.15（b）に示す。

　この電極の半電池図および25℃における電極電位を**表1.8**に示す。
ここで，電極反応は式（1.27）で表され，塩化カリウム（KCl）の濃
度で電極電位は変わる。すなわち，平衡電位はCl^-の活量で決まる。

$$\frac{1}{2}Hg_2Cl_2 + e \rightleftharpoons Hg + Cl^- \tag{1.27}$$

表1.8　参照電極の例

名　称	半電池図	起電反応	電極電位〔V vs. SHE〕（25℃）
カロメル（甘コウ）電極			
飽和 KCl（SCE）	$Cl^- \mid Hg_2Cl_2 \mid Hg$	$Hg_2Cl_2 + 2e \rightleftharpoons 2Hg + 2Cl^-$	0.241 2
1 mol/L KCl（NCE）注)			0.280 1
0.1 mol/L KCl			0.333 7
銀-塩化銀電極	$Cl^- \mid AgCl \mid Ag$	$AgCl + e \rightleftharpoons Ag + Cl^-$	
標準状態（1 mol/L Cl^-）			0.222 34
酸化水銀電極	$OH^- \mid HgO \mid Hg$	$HgO + H_2O + 2e \rightleftharpoons Hg + 2OH^-$	
標準状態（1 mol/L OH^-）			0.098

　注）　NCE（normal calomel electrode）：標準カロメル電極

　そのため，通常は塩化カリウムを飽和させた**飽和カロメル電極**
（saturated calomel electrode：SCE）が用いられる。SCE の電極電位
も温度依存をするが，t〔℃〕における SCE の標準電極電位 E_{SCE} は

$$E_{SCE} = 0.241\ 2 - 6.61 \times 10 - 4(t-25) - 1.75 \times 10^{-6}(t-25)^2$$
$$- 9 \times 10^{-10}(t-25)^3 \ \text{〔V vs. SHE〕} \tag{1.28}$$

となり，温度依存は小さく，測定温度に左右されにくい。このことも
SCE が参照電極としてよく使われている理由の一つである。

〔memo〕

〔3〕 銀–塩化銀電極

銀–塩化銀電極（silver-silver chloride electrode：SSE）も，参照電極としてよく用いられている。銀–塩化銀電極の構成図を図 1.15（c）に示す。この電極の半電池図および 25℃ における電極電位も表 1.8 に示されている。ここで，電極反応は次式で表される。

$$AgCl+e \rightleftharpoons Ag+Cl^- \tag{1.29}$$

1 mol/L の Cl^- 濃度では，25℃ において SSE の標準電極電位 E_{SSE} は

$$E_{SSE}=0.222\,34 \quad 〔V\ vs.\ SHE〕$$

であり，きわめて再現性の良い電位を示す。また，構成が簡単であり，細く加工することができるので生体組織中の電位測定にも用いられている。

[参考] **SCE を用いて測定した電位の SHE への換算**

25℃ において SCE を用いて測定した場合は，実測値に 0.241 2 V を加えればよい。

◀例▶　$-1.500\,0$ 〔V vs. SCE〕　→　$-1.258\,8$ 〔V vs. SHE〕

このように，参照電極には必ずしも SHE を用いる必要はなく，SHE に対する電位が既知の電極電位を用いれば換算することができる。参照電極については，2.2.4 項も参考にすること。

1.6　電極反応速度論

　本節では，電極反応速度論について理解するために，その基本となる電極反応速度，電極反応の素過程，分極，過電圧，過電圧の測定法，分極曲線，抵抗過電圧，濃度（拡散）過電圧，活性化過電圧，バトラー・ボルマーの式，ターフェルの式などについて述べる。

1.6 電極反応速度論　　*41*

〔memo〕

電極反応とは，電位がかけられた状態での電極と電解液からなる固液2相の界面における反応のことである。

電極反応の特徴

電極反応（Oxi + ze ⇌ Red）の特徴は以下のように表せる。

① 電極反応は，その種類（質）を電極電位で規制し，その速度（量）を電流で規制することができる。

② 電極反応は反応が電極の表面（二次元）だけで行われるので三次元的な空間反応を示すものと比べれば能率が悪い。

③ 一般に，反応は平衡電位の貴卑の順序で規則正しく起こる（例外もあり）。

この電極反応の速度に関係する理論体系を**電極反応速度論**（electrode kinetics）という。以下ではまず，電極反応速度について述べていく。

1.6.1 電極反応速度

電極反応速度（electrode reaction rate）は，電流値として測定され，多くの場合は電流密度 i によって比較する。

一般に，実際の電極反応は数多くの**素過程**（elementary process）から成り立っている。ここで，特に連続して起こる場合，素過程の中で一番遅い過程の速度が全反応過程の速度を支配する。この一番遅い過程のことを**律速過程**（rate determining processes）という。このときは，その他の過程は動的に平衡とみなす。これは，通常の化学反応速度と同じ考え方である。

ファラデー電流においては，電流密度 i と反応速度 v との間に次式の関係がある。

$$i = zFv \tag{1.30}$$

ここで，F はファラデー定数，z は1分子の変化に伴う電子数，zF

〔memo〕　は1mol当りの電荷に相当する。

　このように，電気化学反応では電流つまり反応速度を直接測定することが可能である（他の反応系ではなかなかこのように容易には求まらない）。

　よって，電気化学反応を考察するときに，電流-電位曲線が重要になる。すなわち，この曲線は，反応速度-エネルギー準位の関係を定量的に検討することになり反応過程の解析に威力を発揮する。1.6.5項でも触れるが，この曲線を分極曲線という。電極反応速度の測定法を以下に示す。

　通常，セルは**図1.16**に示す三電極法によるセルを用いる。ここで，図の中央の電極は**作用極**(working electrode)または**試験極**(test electrode)といい，対象にする電極反応が行われる電極である。これをWEと略する。

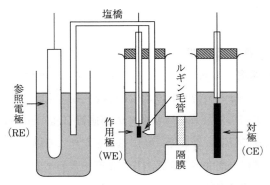

図1.16　電極反応速度測定用電解セル（三電極法）の例

　電気化学反応を進行させるためにWEと対になる電極のことを**対極**(counter electrode)といい，CEと略する。この電極は，電極反応に伴う分極†がWEで起こるようにWEに比べて表面積を大きくする。

　1.5.5項でも述べたように，WEの電位を測定するための基準にな

---

†　1.6.3項を参照。

る電極のことを**参照電極**（reference electrode）または**照合電極**とい [memo]
い，RE と略する。測定の際は液絡として塩橋を用いる。塩橋の先は，
ルギン毛管（Luggin capillary）に加工し，毛管の先端は WE の表面近
くに設置する。これは，電解中の電解液による電位降下[†]（iR 損）を
除く役割をする。

この測定で，2 極式を用いる場合は，CE の表面積を非常に大きく
して分極が小さくなるようにする。この場合は，CE が RE も兼ねる。

1.6.2 電極反応の素過程

電極でつぎの反応

$$Oxi + ze \longrightarrow Red \qquad (1.31)$$

が起こるときは，つぎの素過程がリレー的に起こる。すなわち継起反
応である。ここで，素過程は以下のように分けることができる。

① **物質移動過程（拡散過程）**（mass transfer process） 反応物
質（酸化状態）Oxi が電極表面に補給されるイオンの電極表面へ
移動する過程であり，拡散（diffusion），対流（convection），泳
動（migration）によって運ばれる過程である。

② **電荷移動過程**（charge transfer process） 電極表面で電子と
反応物質 Oxi とが化合し，イオンの放電による原子の生成が起こ
る過程であり，活性化過程（activation process），放電過程（dis-
charging process），通過過程（durchtritts process）に分けられる。

③ **結晶化過程**（crystallization process） 金属などの生成物質
が電極上で結晶化する過程である。

④ **物質移動過程** イオン，ガスの場合は，生成物質が電極表面
から離脱する過程である。

これらの過程を整理すると，つぎのように表せる。

[†] 1.6.6項を参照。

[memo]

```
                    ① 物質移動過程              ② 電荷移動過程
                      （拡散過程）
   バルク†1         ―――――――→            ―――――――→    電極表面
   [溶液沖合†2]        [拡散層]                  [電気二重層]
                   ($10^{-2} \sim 5 \times 10^{-4}$ cm)
```

ここで，電気めっきにおける電極反応の素過程モデルを**図1.17**に示す。

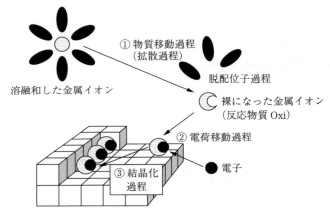

図1.17 電気めっきにおける電極反応の素過程モデル図

1.6.3 分極と過電圧

電極を通じて無視できない量の電流が流れると，電極の電気的な平衡は乱される。この現象を**分極**（polarization）という。あるいは，電気分解中の電位 E が平衡電位 E_{eq} からずれる現象だということもできる。

この分極の大きさを，**過電圧**（overpotential（overvoltage））という。したがって，過電圧 η は次式で表される。

$$\eta = |E - E_{eq}| \tag{1.32}$$

---

†1 ある物質の中で，周囲の物質からの影響を受けない物質内部の領域を指す（ここでは溶液のうち，電極などに触れていない部分のこと）。一方，電極表面など物質の表面は周囲の物質の影響を受けて電気化学反応を起こす。

†2 溶液のうち，周囲の物質（電極など）と直接接触していない領域。溶液のバルク。

1.6 電極反応速度論

あるいは,過電圧とは電気分解中の電位 E を平衡電位 E_{eq}(可逆電位 E_{rev})からどれだけ貴または卑にするかを表す量とも考えられ,その量は電流を生むための駆動力の強さを表す。過電圧は有限の反応速度で進行するすべての電極反応に付随して生じる。また,その大きさは電解系により異なり,流す電流によっても変化する。

過電圧は生じる原因によって以下のように分類される(図 1.18)。

$$\begin{cases} \cdot 抵抗過電圧^{†1}\eta_r \\ \cdot 濃度過電圧^{†2}\eta_c \\ \cdot 活性化過電圧^{†3}\eta_a \end{cases}$$

ここで

$$\eta = \eta_r + \eta_c + \eta_a$$

である。このようにいろいろな原因で生じる過電圧の和を過電圧 η で表し,そのときの分極を**全分極**(total polarization)という。

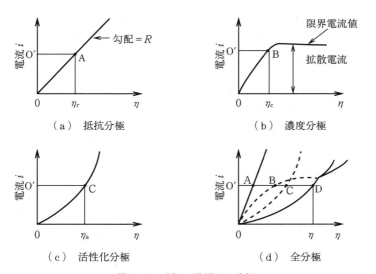

図 1.18 分極,過電圧の分類

---

†1 1.6.6 項を参照。
†2 1.6.7 項を参照。
†3 1.6.8 項を参照。

46　　1. 電 気 化 学 の 基 礎

〔memo〕　### 1.6.4　過電圧の測定法

　1.5.5項で述べた単極電位の測定と同じであるが，この場合は<u>電流を流しながら測定</u>する。

　以下に示す二つの方法がある。

① 直接法　　電流を与えて，そのときの電位を読み取る。腐食の研究などに重要であり，一般的に用いられる。

② 間接法　　断続法ともいう。パルスで電流を印加するので，電圧降下[†]を避けることができる。

　ここで，過電圧の実測値は，以下の影響を受ける。

- ・電極の表面状態（電極の材質の種類と形状）
- ・温　度
- ・電流密度
- ・撹拌の有無
- ・電解液の種類

　これらの条件によって過電圧は大きく左右されるので，次項で解説する分極曲線を示すときは<u>測定条件を示すことが必要</u>である。

1.6.5　分　極　曲　線

　分極曲線（polarization curve）とは，電位 vs. 電流 の曲線（E-i curve）である。

◀例▶　水の電気分解

$$H_2O \longrightarrow H_2 + \frac{1}{2}O_2 \quad (25℃, 1\,atm) \tag{1.33}$$

　式（1.33）のギブズの自由エネルギーの変化量 ΔG は 237.2 kJ/mol であるので

$$\Delta G = -z\,FE \quad (z=2)$$

より，理論分解電圧（平衡状態）は 1.23 V である。

---

†　この電圧降下を iR 損という。1.6.6項を参照。

1.6 電極反応速度論

　0.5 mol/L の H₂SO₄ 溶液中に 2 本の Pt 電極を浸漬させて電圧を印加すると，**図 1.19** のように約 1.7 V で気泡が発生し，電流 i が著しく増大する．なお，この現象は 2 本の電極の距離によっては変わらないので溶液の iR 損ではない．

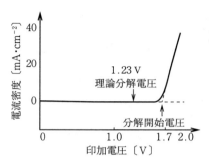

図 1.19　水の電気分解の分解電圧

分極曲線について，以下に二つの観点から説明する．

（説明　その 1）

　上記の例と同じ系で，ポテンシオスタット†を用いて，電位を走査したとする．このときに流れる電流を電位に対してプロットしたものが**図 1.20** である．

　図 1.20 で正の方向に電圧を印加すると 1.7 V 付近から右上りの曲線になるが，このときは

$$\mathrm{H_2O} \longrightarrow \tfrac{1}{2}\mathrm{O_2}\uparrow + 2\mathrm{H^+} + 2e$$

が起こり，酸素が発生する．このときに流れる電流は**酸化電流**（anodic current：正の値で表示）である．この反応は理論的には上記のように 1.23 V vs. SHE で起こるが，実際は 1.7 V 付近であり，余分の電圧が必要である．この標準平衡電位との差が過電圧 η である（$\eta = |E - E_{\mathrm{eq}}|$）．

---

†　2.2.5 項を参照．

[memo]

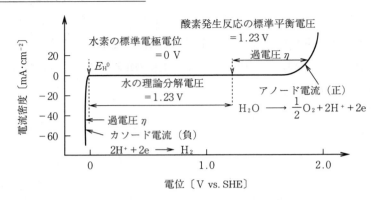

図 1.20 水（希硫酸）-白金電極系の分極曲線

一方，電池を負の方向に印加すると 0 V 付近で負の電流が流れる。このときは

$$2H^+ + 2e \longrightarrow H_2 \uparrow$$

が起こり，水素が発生する。このときに流れる電流は**還元電流**（cathodic current：負の値で表示）である。この反応は理論的には上記のように 0 V vs. SHE で起こる。この標準平衡電位との差が過電圧 η であるが，この場合はほぼ 0 V で過電圧は小さい。この反応の過電圧は**水素過電圧**（hydrogen overvoltage）といい，白金電極は水素過電圧が小さいことに対応している。

（説明 その 2）

図 1.21 は電気分解における電極電位と電解電流の関係を示す。

観測される電解槽中の電圧を**浴電圧**（bath voltage）といい，V で表記すると

$$V = V_r + \eta_{anod} + |\eta_{cathod}| + iR \tag{1.34}$$

となる。ここで，V_r は開回路における平衡電圧，iR は iR 損（抵抗過電圧）である。また，η_{cathod} は通常負の値であるので絶対値で表記している。

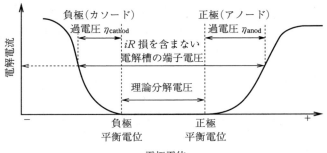

図 1.21　電気分解における電極電位と電解電流の関係

1.6.6　抵抗過電圧

電極反応において，回路内の電気抵抗（電極｜電解液界面，電極表面の抵抗膜，電解液の液抵抗など）が原因で起こる電圧降下により生じる分極現象を**抵抗分極**（resistance polarization），そのときの過電圧を**抵抗過電圧**（resistance overvoltage）η_r という。**iR 損**（iR loss, iR drop），**オーム損**（ohmic loss, ohmic drop）とも呼ばれる。

なお，iR 損の次元は，I〔A〕×R〔Ω〕なので IR〔V〕となり，電圧である。

もし，iR 損が他の分極に比べて過大であるときは，分極（電位-電流）曲線上にオームの法則（$E=iR$）に従う直線が表れる。この直線の傾きが抵抗 R である。

抵抗過電圧を減らす対策として
- 電極の面積を大きくする。
- 電極間距離を小さくする。
- 電解液の導電率を向上させる。
- 電解液の撹拌を行う。
- 電解セルを流動系にする。
- 導電性の良くない生成物が生じないようにする。

などが挙げられる。

[memo] 　iR損による分極の原因となる電気抵抗の値Rは，**図1.22**に示すように，電流切断（図中の点A）後1 μs以内の電極電位の時間変化ΔEをオシロスコープで測定し

$$R = \frac{\Delta E}{i} \tag{1.35}$$

より求めることができる。なお，電流規制でiは既知であるとする。

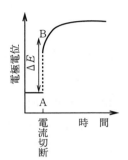

図1.22　電解電流（還元電流）切断後の電極電位の時間変化

1.6.7　濃度過電圧

　濃度過電圧（concentration overpotential）（もしくは**拡散過電圧**，diffusion overpotential）η_cとは，物質移動過程（その中でも拡散過程）が律速のときに生じる**濃度分極**（concentration polarization）のときの過電圧である。

　電気分解において，電解電流が増加すると，バルク（溶液沖合）から電極表面への反応物質の補給が間に合わなくなることがある（**図1.23**）。このとき，物質が拡散するための濃度勾配による拡散過程，すなわち物質移動過程が律速になる。拡散過程は，電気化学反応で欠くことができない過程であるが律速になることもよくある。

　物質移動過程が律速になったときには，その影響を除くため，以下の対策を検討する。

1.6 電極反応速度論

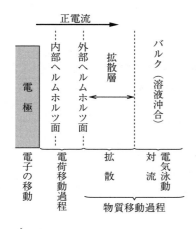

図1.23 電極-電解液系での電流の流れに伴う諸過程

- 電気泳動の影響が大きいときは，過剰の不活性電解質の添加で除去する．すなわち，バルクにおける電荷の流れを不活性電解質のイオンによって運ばれることで解消する．
- 対流の影響は，攪拌，流動系にすることで避けられる場合が多い．

◀例▶ 酸性の $CuSO_4$ 浴からの Cu のめっき

$$Cu^{2+} + 2e \longrightarrow Cu$$

反応の速度が大きくなると，Cu^{2+}の拡散過程が律速になる．

拡散過程の基本式は，**フィックの拡散の第一法則**（Fick's first law of diffusion）であり，次式で示される．

$$\frac{dQ}{dt} = -D\frac{\partial C}{\partial x} \tag{1.36}$$

ここで，D はイオンの拡散係数（m^2/s），$\frac{\partial C}{\partial x}$ はこの面の濃度勾配（mol/m^4），$\frac{dQ}{dt}$ は位置 x における単位平面を 1s 間に通過する物質の**流束**（flux）（$mol/(m^2 \cdot s)$）である．

式(1.36)において，**図1.24**に示すネルンストの（荒い）近似をすると

[memo]

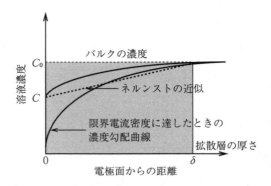

図1.24 拡散律速における濃度勾配曲線

$$\therefore \quad \frac{dQ}{dt} = -D\frac{C_0 - C}{\delta} \tag{1.37}$$

となる。ここで，C_0 は反応種のバルクの濃度，C は電極の反応面における濃度，δ は**拡散層**（diffusion layer）の厚さ（濃度変化の存在する領域）である。

dQ/dt と電流密度 i には，以下の関係がある。

$$-\frac{dQ}{dt} = \frac{i}{zF} \tag{1.38}$$

ここで，z は（放電）反応の荷電数である。

式 (1.37)，(1.38) より，次式を得る。

$$i = zFD\frac{C_0 - C}{\delta} \tag{1.39}$$

この式に基づき，放電時間に伴う反応種の濃度変化と電極面からの距離の関係を**図1.25** に示す。例として，Ag^+ の放電反応（$Ag^+ + e \longrightarrow Ag$）を考える。

このように，放電時間の経過（$t_1 \sim t_4$）とともに拡散層の厚さ δ_t は増加し，その時間変化は次式で示される。

$$\delta_t = \sqrt{\pi D t} \tag{1.40}$$

ここで，バルクの対流の影響で約 0.05 cm が δ_t の限界である。

[memo]

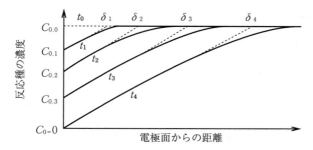

図1.25 放電時間に伴う反応種の濃度変化と電極面からの距離の関係

以下に，濃度過電圧 η_c と電流密度 i の関係式を導く。

過電圧が十分に大きい場合，電極表面での反応物質の補給が間に合わなくなり，式 (1.39) において $C=0$ になる．

このときが，拡散過程が律速のときに取り得る最大電流密度となり，次式で示される。

$$i_{\lim} = \frac{zFC_0}{\delta} \tag{1.41}$$

これを**限界電流密度** (limiting current density) という（限界拡散電流密度ということもある）．**図1.26** にこの関係を示す。

拡散律速過程に基づく濃度分極による濃度過電圧 η_c（拡散分極と

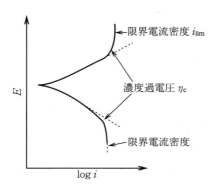

図1.26 電流密度の対数-電極電位線図上で認められる限界電流密度と濃度過電圧の関係

〔memo〕

54　　1. 電気化学の基礎

いう場合は η_d）は，ネルンストの式より次式のようになる。このときは，電荷移動過程よりも十分に速い。

$$\eta_c = \frac{RT}{zF} \ln \frac{C}{C_0} \tag{1.42}$$

対数を外して整理すると

$$C = C_0 \exp\left(\frac{zF}{RT} \eta_c\right) \tag{1.43}$$

式 (1.43) の C を式 (1.39) に代入し，式 (1.38) より

$$i = \frac{zFD}{\delta}\left\{C_0 - C_0 \exp\left(\frac{zF}{RT} \eta_c\right)\right\} \tag{1.44}$$

$$= \frac{zFDC_0}{\delta}\left\{1 - \exp\left(\frac{zF}{RT} \eta_c\right)\right\} \tag{1.45}$$

式 (1.41)，(1.45) より

$$i = i_{\lim}\left\{1 - \exp\left(\frac{zF}{RT}\right)\eta_c\right\} \tag{1.46}$$

$$\therefore \quad \eta_c = \frac{RT}{zF} \ln\left(\frac{i_{\lim} - i}{i_{\lim}}\right) \tag{1.47}$$

式 (1.47) が濃度過電圧 η_c と電流密度 i の関係式である。

これより，電位と電流密度の対数の関係（E-$\log i$）は，直線関係でないことがわかる。

濃度分極は，希薄な溶液における電解のときに顕著に認められる。ここで，イオンの拡散係数 D が大きい，または温度が高いときは濃度過電圧 η_c は小さくなる。

1.6.8　活性化過電圧

電荷移動過程（活性化過程）は，電極反応の中で最も重要な過程であり，多くの場合この過程が律速になる。このときの分極を**活性化分極**（activation polarization）といい，その過電圧を**活性化過電圧**（activation overpotential）η_a という。

1.6 電極反応速度論

活性化過電圧が生じる電極反応の例として，鉄属金属（Fe,Co,Ni）などのめっき，シアン浴のような錯イオンからのめっきなどが挙げられる。

〔memo〕

〔1〕 反応速度

電流密度 i と反応速度 v には，次式の関係がある。

$$i = -zev \tag{1.48}$$

ここで，z は反応に関わる電子数，e は素電荷である。

以下に示す電極反応について考える。

$$a\mathrm{A} + b\mathrm{B} + \cdots + ze \rightleftarrows c\mathrm{C} + d\mathrm{D} + \cdots \tag{1.49}$$

式 (1.49) の電極反応が正方向（→）に進むとき（このときは還元反応が進行し，$v>0$ とする），**図 1.27**（a）のように電極には負の電流が流れ込む。

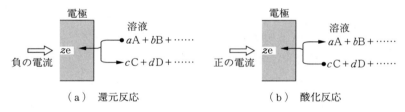

図 1.27 電極反応の進む向きと電流の正負

一方，式 (1.49) の電極反応が逆方向（←）に進むとき（このときは酸化反応が進行し，$v<0$ とする），図（b）のように電極には正の電流が流れ込む。

ここで，**図 1.28** に示す直流分極における分極曲線で，負の電流と正の電流について考える。

実際に観測される**正味の電流密度**（net current density）i（符号を含む）は，式 (1.48) で表される両方向の和になり

$$i = ze\overleftarrow{v} - ze\overrightarrow{v} \tag{1.50}$$

$$= \overleftarrow{i} - \overrightarrow{i} \tag{1.51}$$

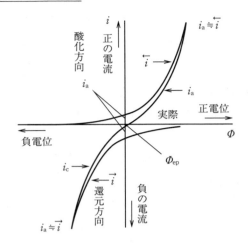

図 1.28 直流分極における分極曲線

となる。ここで

$\vec{i}\,(>0)$ 　還元方向の電流密度

$\overleftarrow{i}\,(>0)$ 　酸化方向の電流密度

であり，ともに符号は含まず正の値とする。

電極反応が平衡状態のとき，$i=0$ だから式 (1.50) より

$$\vec{i}_{eq} = \overleftarrow{i}_{eq} \equiv i_0 \tag{1.52}$$

が成立する。式 (1.52) で定義される i_0 は，**交換電流密度** (exchange current density) と呼ばれる。

また，$i=0$ のときの電位を**平衡電位** (equilibrium potential) Φ_{eq} といい，電極電位 Φ が $\Phi<\Phi_{eq}$ となるとき，$\vec{i}>\overleftarrow{i}$ となり，観測される電流は負になる。これを**陰極電流**（カソード電流，cathodic current）i_c という。

$$\therefore\ i_c = \overleftarrow{i} - \vec{i}\ < 0 \tag{1.53}$$

反対に，電極電位 Φ が $\Phi>\Phi_{eq}$ となるとき，$\vec{i}<\overleftarrow{i}$ となり，観測される電流は正になる。これを**陽極電流**（アノード電流，anodic current）i_a という。

〔memo〕

$$\therefore \; i_a = \overleftarrow{i} - \overrightarrow{i} > 0 \tag{1.54}$$

ここで，図1.28より，電極電位 $\varPhi$ が $\varPhi_{eq}$ より十分離れると，電位の正あるいは負方向に応じて，還元あるいは酸化方向の1方向の電流密度は十分に小さくなる。すなわち，この領域では次式が成立する。

$$i_c \fallingdotseq -\overrightarrow{i} \tag{1.55}$$

$$i_a \fallingdotseq \overleftarrow{i} \tag{1.56}$$

また，電極反応がいくつかの素反応からなるときは，次式が成り立つ。

$$i = \overleftarrow{i} - \overrightarrow{i} = ze\frac{1}{\nu_i}\left(\overleftarrow{v_i} - \overrightarrow{v_i}\right) \tag{1.57}$$

ここで，ν_i は i 番目のときの化学量数である。素反応のうち r 番目が律速段階のときは

$$\varPhi \ll \varPhi_{eq}\ \text{のとき}\ \ i_c \fallingdotseq -\frac{ze}{\nu_r}\overrightarrow{v_r} \equiv -\overrightarrow{v_r} \tag{1.58}$$

$$\varPhi \gg \varPhi_{eq}\ \text{のとき}\ \ i_a \fallingdotseq -\frac{ze}{\nu_r}\overleftarrow{v_r} \equiv -\overleftarrow{v_r} \tag{1.59}$$

となる。ここで，ν_r は律速段階 r のときの化学量数である。

〔2〕　対称因子およびバトラー・ホルマーの式

例として，Ag^+ の放電反応を考える。

$$Ag^+ + e \longrightarrow Ag \tag{1.60}$$

図1.29 に示す電気二重層[†]モデルにおいて Ag^+ の最近接面（外部ヘルムホルツ面 O.H.P.）で放電反応が進行する。この反応が単一過程からなる反応とすると，距離とポテンシャルエネルギーの関係を**図1.30** に示す。放電反応が進行するには図1.30の山を越える必要がある。

---

†　電極と電解質との界面に正負の荷電粒子が対を形成して二重の層状に並んだもの。電解液など荷電粒子が比較的自由に動ける系に電位をかけると形成される。電気二重層には静電的に電荷が蓄えられる。

[memo]

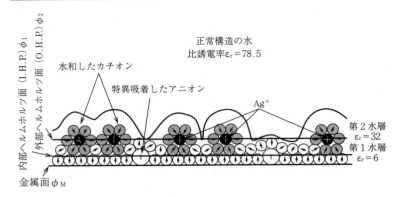

図 1.29 Bockris-Devanathan-Müller による電気二重層モデル

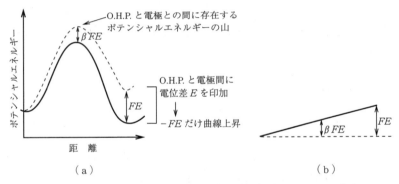

図 1.30 単一過程からなる放電反応の際の電極表面からバルクへ向けての距離と系のポテンシャルエネルギーとの関係

ここで，図 1.30（a），（b）で示したように，一部（βFE）は還元過程（式（1.59））を容易にするように作用する．一方，残りの（$1-\beta$）FE は酸化過程を容易にするように作用する．これらに含まれる β は**対称因子**（symmetry factor）と呼ばれ，山の頂点の位置に関与している．その値は $0<\beta<1$ をとり，$\beta=0.5$ のとき左右対称な山になる．

図 1.30 の対称因子 β および図 1.28 の定義を用いると，還元反応の電流密度 $\vec{i}$ は次式のように表せる．

〔memo〕

$$\vec{i} = k_- F C_{\mathrm{Oxi\,0}} \exp\left[\frac{-\beta FE}{RT}\right] \tag{1.61}$$

また，酸化反応の電流密度 $\overleftarrow{i}$ は，次式のように表せる。

$$\overleftarrow{i} = k_+ F C_{\mathrm{Red\,0}} \exp\left[\frac{(1-\beta)FE}{RT}\right] \tag{1.62}$$

ここで，k_-，k_+ はそれぞれ還元反応，酸化反応の反応速度定数を，$C_{\mathrm{Oxi\,0}}$，$C_{\mathrm{Red\,0}}$ は酸化体 Oxi，還元体 Red の反応面における濃度を示す。

よって，正味の電流密度は，式 (1.51) より次式のように表せる

$$i = \overleftarrow{i} - \vec{i} = F\left\{ k_+ C_{\mathrm{Red\,0}} \exp\left[\frac{(1-\beta)FE}{RT}\right] - k_- C_{\mathrm{Oxi\,0}} \exp\left[\frac{-\beta FE}{RT}\right] \right\} \tag{1.63}$$

ここで，式 (1.52) $(i_0 \equiv \vec{i}_{\mathrm{eq}} = \overleftarrow{i}_{\mathrm{eq}})$ を用いると，平衡電位 E_r では式 (1.61)，(1.62) より

$$i_0 = k_- F C_{\mathrm{Oxi\,0}} \exp\left[\frac{-\beta FE_r}{RT}\right] = k_+ F C_{\mathrm{Red\,0}} \exp\left[\frac{(1-\beta)FE_r}{RT}\right] \tag{1.64}$$

となる。この式 (1.64) の対数を取って整理をすると

$$E_r = \frac{RT}{F}\ln\left(\frac{k_-}{k_+}\right) + \frac{RT}{F}\ln\left(\frac{C_{\mathrm{Oxi\,0}}}{C_{\mathrm{Red\,0}}}\right) \tag{1.65}$$

ここで，過電圧 η は前述のように $\eta = E - E_r$ であるので，実際の電極電位は

$$E = E_r + \eta \tag{1.66}$$

と表せる[†]。

式 (1.64)，(1.66) より，式 (1.61) ～ (1.63) は，以下のように表せる。

$$\vec{i} = k_- F C_{\mathrm{Oxi\,0}} \exp\left[\frac{-\beta FE_r}{RT}\right] \exp\left[\frac{-\beta F\eta}{RT}\right] = i_0 \exp\left[\frac{-\beta F\eta}{RT}\right] \tag{1.67}$$

[†] ここでは電荷移動過程が律速の場合を考えているので，η は活性化過電圧 η_a である。

60   1. 電気化学の基礎

[memo]　同様に誘導すると

$$\overleftarrow{i} = i_0 \exp\left[\frac{(1-\beta)F\eta}{RT}\right] \tag{1.68}$$

となる。よって，正味の電流密度は

$$i = \overleftarrow{i} - \overrightarrow{i}$$

$$= i_0\left\{\exp\left[\frac{(1-\beta)F\eta}{RT}\right] - \exp\left[\frac{-\beta F\eta}{RT}\right]\right\} \tag{1.69}$$

となる。この式(1.69)を**バトラー・ボルマーの式**（Butler–Volmer's equation）といい，電極反応に関する基本式であり重要な式（理論式）である。

〔3〕 ターフェルの式

(a) **過電圧が大きい場合**　分極曲線（電位-電流曲線）において，過電圧が大きい領域（$|\eta| > 70$ mV）（**図 1.31**（a））では，式(1.69)のどちらか1項は省略可能である（参考：式(1.55)，(1.56)）。

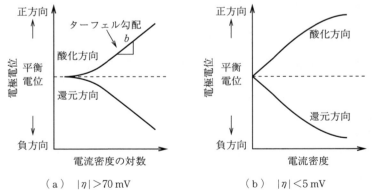

(a) $|\eta| > 70$ mV　　　(b) $|\eta| < 5$ mV

図 1.31　過電圧が大きい場合と小さい場合の電極電位と電流の関係

ここで

(i) 還元方向（cathodic）な過電圧 η が大きいとき　　式(1.67)より

1.6 電極反応速度論 61

[memo]

$$i \fallingdotseq i_0 \exp\left[\frac{-\beta F\eta}{RT}\right] \tag{1.70}$$

式 (1.70) で対数をとると

$$\eta = \frac{RT}{\beta F}\ln i_0 - \frac{RT}{\beta F}\ln i \tag{1.71}$$

（ⅱ）　酸化方向（anodic）な過電圧 η が大きいとき　　式 (1.68) より

$$i \fallingdotseq i_0 \exp\left[\frac{(1-\beta)F\eta}{RT}\right] \tag{1.72}$$

式 (1.72) の対数をとると

$$\eta = -\frac{RT}{(1-\beta)F}\ln i_0 + \frac{RT}{(1-\beta)F}\ln i \tag{1.73}$$

となる。電荷移動数が z のときは，式 (1.70) から式 (1.73) の F を zF と置き換えればよい。

これらの式は，アーレニウス（Arrhenius）の反応速度式から誘導したバトラー・ホルマーの式に基づいており，理論式である。

ここで，式 (1.71)，(1.73) は一般に

$$\eta = a \pm b\log i \tag{1.74}$$

のように表せる。式 (1.74) は，η と $\log i$ のプロットが直線関係にあることを示しており，**ターフェルの式**（Tafel's equation）と呼ばれており経験式である。a, b は**ターフェル定数**（Tafel constant）である（b は図 1.31（a）のターフェル勾配を表す）。このターフェル定数の理論的な裏付けを行う。

例として，アノード反応では，式 (1.73)，(1.74) より[†]

$$a = -2.303\frac{RT}{(1-\beta)zF}\log i_0 \tag{1.75}$$

$$b = 2.303\frac{RT}{(1-\beta)zF} \tag{1.76}$$

---

† 　係数の 2.303 は，$\ln x \fallingdotseq 2.303\log x$ から出てくる係数である。

[memo]

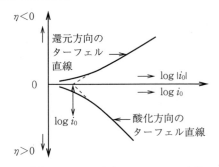

図 1.32 酸化および還元方向のターフェル直線
(縦軸の正負が図 1.31 と逆であることに注意)

よって，η と $\log i$ のプロットの傾きが式 (1.76) に，切片が式 (1.75) にそれぞれ対応している（図 1.31 (a)，**図 1.32**）。

実際に，a は電極の物質によって著しく異なり，b はほとんどの金属の場合，室温において約 120 mV である。これは，理論式の $\alpha = 1 - \beta = 0.5$ に対応している。

(b) 過電圧が小さい場合 分極曲線（電位-電流曲線）において，過電圧が小さい場合（$|\eta| < 5\,\mathrm{mV}$）（図 1.32 (b)）では，式 (1.69) において

$$|\eta| \ll \frac{RT}{\beta F}, \qquad |\eta| \ll \frac{RT}{(1-\beta)F}$$

となり，テイラー展開 $\left[\exp(\pm x) = 1 \pm x + \dfrac{x^2}{2!} \pm \dfrac{x^3}{3!} \cdots \right]$ を用いて，その第 2 項までとると

$$\eta = \frac{RT}{i_0 F} i \tag{1.77}$$

となる。式 (1.77) は過電圧 η と電流密度 i のプロットが直線関係にあることを示しており[†]，その傾きを **分極抵抗**（polarization resistance）という。よって，式 (1.77) より，傾きから交換電流密度 i_0 が求められる（分極抵抗法）。

---

† ここでは電流の対数ではなく電流密度そのものであることに注意。

1.6.9 過電圧のまとめ

これまで述べてきた過電圧の関係について,カソード反応($O_2 + 2H_2O + 4e \longrightarrow 4OH^-$)を例として,以下にまとめる。

図1.33が各過電圧の関係をまとめた分極曲線であり,定義は図中に示した。

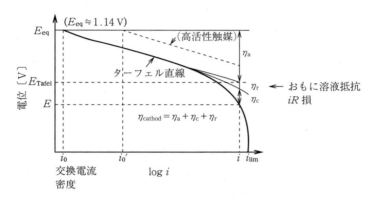

図1.33 カソードの過電圧因子概念図
(酸素還元反応:$O_2 + 2H_2O + 4e \longrightarrow 4OH^-$)

活性化過電圧 η_a は

$$\eta_a = |E_{eq} - E_{Tafel}| \tag{1.78}$$

濃度過電圧 η_c は

$$\eta_c = |E_{Tafel} - E - \eta_r| \tag{1.79}$$

抵抗過電圧 η_r は

$$\eta_r = i \times R \tag{1.80}$$

ここで,i は電流密度である。

よって,カソード反応の過電圧 η_{cathod} は

$$\eta_{cathod} = \eta_a + \eta_c + \eta_r \tag{1.81}$$

ここで,添字の cathod はカソード反応を示す。

ここで,触媒の効果について考えてみる。触媒を電極表面に担持すると,非常に活性な電極にできる。そのメカニズムについて以下に述

べる。

図1.33に示した交換電流密度i_0は電極表面積Aと以下の関係にある。

$$i_0 = j_0 A \qquad (1.82)$$

ここで，j_0は単位面積当りの交換電流密度であり，これは物質固有の値である。一方，表面積Aは粒径などに依存して変化する。

ここで，分極を小さくする，すなわち活性化過電圧η_aを小さくするには，式(1.82)のi_0を大きくする必要があることが図1.33からわかる。すなわち，触媒によってi_0を大きくする（i_0を図中のi_0'にする），または表面積Aを大きくすればよいことがわかる。

以下に，過電圧と電流密度の関係についてまとめる。

電流密度iが小さいときには電荷移動過程が律速（電荷移動律速）となり，ターフェルプロットが直線（ターフェル直線）になる活性化過電圧η_aが見られる（**図1.34**）。

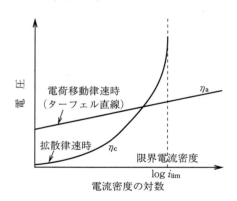

図1.34 拡散律速における分極曲線と電荷移動律速における分極曲線の比較

やがて分極が増大し，電流密度iが大きくなると電荷移動過程がどんどん進行し，反応物質（O_2）供給の不足による表面濃度の低下が見られる。このときは拡散過程が律速（拡散律速）となり，濃度過電圧

η_c が見られるようになる。　　　　　　　　　　　　〔**memo**〕

　さらに電流密度 i が増加すると，物質供給律速（拡散限界）による限界電流密度 i_{lim} が観測されるようになる。

演　習　問　題

【演習 1.1】 つぎの語句の意味を簡潔に説明しなさい。
（1）　電気分解　　（2）　電気伝導　　（3）　可逆電池　　（4）　電極電位
（5）　電極反応

【演習 1.2】【演習 1.1】（1）〜（5）で示した語句の英語訳を示しなさい。

【演習 1.3】【演習 1.1】で示した語句（1）〜（5）に関係する語句を選びなさい。
（1）　ファラデーの法則　　（2）　当量導電率　　（3）　起電力　　（4）ネルンストの式　　（5）　バトラー・ホルマーの式
（ヒント）【演習 1.1】で示した語句（1）〜（5）と関係する語句はつぎのようになる。
　　　　・ファラデーの法則，電流効率，電流密度：<u>電気分解</u>
　　　　・比抵抗，比導電率，当量導電率：<u>電気伝導</u>
　　　　・電池の起電力，不可逆電池，可逆電池，起電力：<u>可逆電池</u>
　　　　・化学ポテンシャル，電気化学ポテンシャル，標準電極電位（ネルンストの式），単極電位，参照電極：<u>電極電位</u>
　　　　・電極反応の素過程，分極，過電圧，分極曲線，抵抗過電圧，濃度（拡散）過電圧，活性化過電圧，バトラー・ホルマーの式，ターフェルの式：<u>電極反応速度論</u> → <u>電極反応</u>

【演習 1.4】 白金電極を用いて希硫酸を電解したところ，1時間後に標準状態で酸素（O_2）および水素（H_2）の混合気体 336 mL を得た。電解には一定の強さの電流を通じていたと仮定して，このときの電流値はいくらか。

【演習 1.5】 希硫酸を電解して水素（g）を作製する際，5 A の電流を与えて標準状態で容積 1 L の気体を得るにはどの程度の時間を要するか。

66   1. 電 気 化 学 の 基 礎

【演習 1.6】 硫酸銅溶液中で1時間，一定電流を通じたところ，陰極に 0.596 0 g の銅が析出した。このとき，流れた電流はいくらか。

【演習 1.7】 希硫酸から 3 mL の酸素を電解によって遊離するだけの電気量をヨウ素カリウム水溶液中に通じた場合，いくらのヨウ素を遊離するか。

【演習 1.8】 銅の電量計と銀の電量計の精度を比較しなさい。

第2章
電気化学の応用

2.1 序　　論

〔memo〕

　電気化学を応用するには，まずその現象を定量的に測定することが必要となる。そして現象を測定する際は，そこでどのような現象が起こっているかをしっかり理解しておくことが大切となる。現象を理解すれば，なぜそのような装置を使用してそのように測定するのかを理解できるようになるからである。また，測定の際に気を付けるべきこともおのずとわかってくる。

　測定方法を理解することは，現象のより深い理解につながる。そして，現象をより深く理解することは，現象の応用への第一歩となる。本章で解説するさまざまな応用もすべて，現象の深い理解に基づいた閃きから生まれてきたものである。それぞれの応用がどのような現象を応用したかを理解することが，また新たな応用へとつながる。

　本章では，電気化学がどのように応用されるかということとともに，それらがどのような現象に基づいているのかについて学んでいく。

　本章では，**表2.1**で示したように，本節に続いて電気化学測定法，腐食，工業電解プロセス，表面処理と機能化，エレクトロニクスと電気化学，バイオエレクトロケミストリー，光電気化学，電気分析化学，エネルギー変換デバイス，有機および高分子化学と電気化学など

68　2. 電気化学の応用

〔memo〕

表 2.1 本章（電気化学の応用）の体系

節	内　容
2.1　序　論	本章の流れ
2.2　電気化学測定法	電解液，作用極，対極，参照極，電気化学セル，さまざまな電気化学測定，アンペロメトリー，ボルタンメトリー，電気化学インピーダンス法など
2.3　腐　食	腐食の平衡論，腐食の速度論，活性態と不動態など
2.4　工業電解プロセス	工業電解とエネルギー変換，水溶液電解など
2.5　表面処理と機能化	目的と用途，表面の装飾，表面の耐食・耐磨耗性化，表面の機能化など
2.6　エレクトロニクスと電気化学	半導体デバイス，電気材料，磁気記録材料，表示材料など
2.7　バイオエレクトロケミストリー	電気化学と生物のかかわり，生体関連物質の電気化学，生体機能と電気化学，生物電気化学計測，サイボーグテクノロジー，生物電池など
2.8　光電気化学	半導体による光の吸収，光電圧，光電流，太陽電池など
2.9　電気分析化学	電気化学分析システム，pH電極，電気化学センサー，バイオセンサーなど
2.10　エネルギー変換デバイス	一次電池，二次電池，燃料電池など
2.11　有機および高分子化学と電気化学	有機化学，高分子化学，電気化学法，電解合成，電解酸化，電解還元，電解重合，電解重合膜など

について学び，演習問題でこれらの確認をしていく。

〔memo〕

2.2 電気化学測定法

本節では，電気化学測定において重要な電解液，作用極，対極，参照極，電気化学セルについて解説する。さらに，さまざまな電気化学測定，（アンペロメトリー，ポテンシオメトリー，ボルタンメトリー，非定常解析法，電気化学インピーダンス法など）について説明を加える。

電気化学デバイスや電気化学反応を調べるためには，電気化学測定の実施が必須である。本節では電気化学測定を行う際に必要となる知識について説明をする。

はじめに，調べたい作用極と電解液の組み合わせを決める。つぎに，電流を流すのであれば対極，電位を測るのであれば参照極を決める。それらの電極と電解液の種類とサイズによって電気化学セルが決定される。さらに，求めたい情報に依存して電気化学測定法を選択する。信頼できるデータを得るために，電極，電解液，電気化学セルの作製法と原理，各種電気化学測定法における解析理論を理解する必要がある。

2.2.1 電気化学セル（二電極法，三電極法）

電気化学測定において扱うパラメーターは電極電位（または電圧）と電流である。電極電位は電極と電解液の内部電位の差として定義されるが，これを単独で測定できないので，他の電極（参照電極）の電極電位との差として測定される。また，電極に電流を流すためには対極が必要となる。すなわち，一つの電気化学セルの中には二つ以上の電極を配置し，電気化学測定を行うことになる。ここでは二電極法と

70 2. 電気化学の応用

[memo] 三電極法について,それぞれの特徴を説明する。

　図2.1に二電極法による電気化学セルの模式図を示す。電位測定のためには作用極(WE)のほかに参照電極(RE)を配置する(図(a))。この場合,参照電極に対する作用極の電圧が電極電位と表現される。したがって,電極電位の表示では,測定に用いた参照電極を示す必要がある(例:vs. SSE)。電流測定のためには作用極のほかに対極(CE)を配置する(図(b))。例えば,作用極と対極間に電圧を印加し,電流計により流れる電流を測定する。電池の電気化学測定では正極と負極を二つの作用極とみなすことが多い。図(c)に,正極と負極の二電極による電気化学セルの模式図を示す。例えば,二電極間に定電流を印加し,電圧計などで電圧(起電力)の変化を測定することで,充放電曲線を求めることができる。

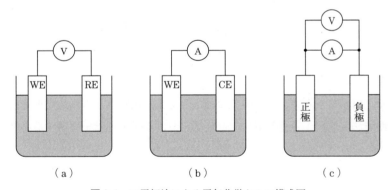

図2.1　二電極法による電気化学セルの模式図

　図2.2に三電極法による電気化学セルの模式図を示す。作用極とともに,対極(CE)と参照電極(RE)が配置されている。図(a)に示した三電極法では,作用極(WE)と対極間に電流を流し,参照電極に対する作用極の電圧を測定することで,作用極の電極電位を制御しながら電気化学測定が行える。

　一方,参照電極を浸漬した別容器と塩橋を用いて電気的に接続した

2.2 電気化学測定法

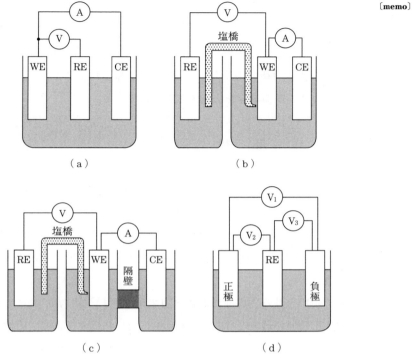

図2.2 三電極法による電気化学セルの模式図

電気化学セルを図(b)に示す。この場合,塩橋内はゲル状の電解液で満たし,ルギン細管を作用極の近傍に配置する。ルギン細管により作用極近傍の電解液の内部電位に対する作用極の内部電位の差を電極電位とすることができるため,電解液の抵抗 R_{sol} による電位降下(iR 損)の影響が小さく,正確な電極電位による電気化学測定を行うことができる。参照電極を浸漬した別容器内の溶液には,参照電極の内部液を用いることが多い。対極上での電気化学反応による反応生成物が電気化学測定に悪影響を及ぼす場合,図(c)に示すように対極を隔壁などで隔ててもよい。この隔壁には多孔質ガラスを用いる場合が多い(多孔質セラミック,半透膜などでもよい)。

また，図2.1(c)に示した電気化学セルに参照電極（RE）を浸漬させた三電極法による電気化学セルを図2.2(d)に示す。この場合も負極に対する正極の電位差V_1が起電力に相当するが，参照電極に対する正極と負極の電位差（V_2とV_3）を測定することで，それぞれ正極と負極の電極電位を決定することができる。

2.2.2 作 用 極

電位を測定し状態分析を行ったり，電流を流して定量分析を行うなど，調査対象となる電極を作用極と呼ぶ。作用極は，作用電極，試験極とも呼ばれる。作用極には材料と構造に依存して以下の電極がある。① 貴金属電極，② 炭素電極・貴金属担持炭素電極，③ 金属電極，④ 透明電極（ITOなど），⑤ 水銀電極，⑥ 集電体と活物質の複合電極。

よく用いられる作用極の形状を**図2.3**に示す。図(a)は金属ロッドを樹脂に埋め込んだもので，その断面を切り出すことで，円盤状の表面を持つ作用極となる（図中の灰色で示した部分が作用極表面である）。この作用極では表面を洗浄または研磨することにより，繰り返し測定に使用できる。図(b)は金属板（または金属箔）を作用極表面のみを残して絶縁テープで覆ったものである。作製が非常に容易な

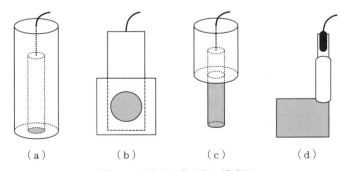

図2.3 代表的な作用極の模式図

2.2 電気化学測定法   73

〔memo〕

ので，大量の作用極を作製する場合に向いている。図（c）は，電極先端部分が露出する形に金属ロッドまたは金属ワイヤーを樹脂で被覆した作用極である。図（d）は旗形電極と呼ばれ，金属板を旗形に加工し，直方体の電極部分を残し，柄の部分を樹脂で被覆した作用極である。

　作用極上で均一に電気化学反応が起こっていると仮定すると，流れる電流の大きさは作用極の電極面積に比例する。ノイズに対する電流信号（シグナル）の比（S/N 比）を向上させるためには大きな電流が望ましい。しかし，小さな電流であれば iR 損も小さいので，より正確に作用極電位を制御することができる。したがって，実験の状況によって作用極の面積を決める必要がある。

　汚染された作用極を用いると，当然ながら正確な測定を行うことができない。したがって，電気化学測定の前に，作用極表面には洗浄または研磨などの前処理を行う必要がある。作用極の種類によって前処理法は異なるので，それらの詳細は他の書籍を参照していただきたい。作用極表面に研磨傷が残った場合，電極表面の実表面積が大きくなり，測定される電流値にも影響があるので注意が必要である。形状的な電極面積に対するこの実表面積の比をラフネスファクターと呼ぶ。

2.2.3 対　　　　　極

　作用極と「対」の電極となり，電気化学セルに電流を流すための電極が対極である。対極は補助電極とも呼ばれる。対極の材料として，白金などの不活性な貴金属が用いられることが多い。よく用いられる対極の形状を**図 2.4** に示す。図（a）は，らせん状に巻いた白金線である。図（b）は，白金箔（または白金板）に白金線を溶接したものである。溶接部は樹脂で覆うことが多い。また，実表面積を大きくするために白金を表面処理した白金黒の箔を用いることもある。

〔memo〕

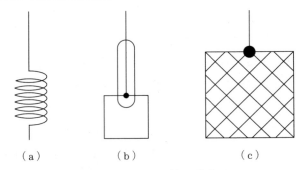

図 2.4 代表的な対極の模式図

図（c）は，白金のメッシュに白金線を固定した対極である。表面積の大きな対極を用いると電流線が均一になりやすい。

2.2.4 参照電極

作用極の電極電位を相対的に決定するための電極が参照電極である。参照電極は，参照極，標準電極，基準電極，照合電極とも呼ばれる。参照電極に要求される一般的な性質を以下に示す。

① 安定した電極電位を示すこと。
② 電極電位を決定する電気化学反応が既知であり，かつ可逆な反応であること。
③ 温度変化に対して電極電位がヒステリシスを示さないこと。
④ 光の照射により電極電位が変化しないこと。
⑤ 内部液が電解液に対する汚染源にならないこと。

代表的な参照電極として，標準水素電極（SHE），飽和カロメル電極（SCE），銀-塩化銀電極（SSE）が挙げられるが，その詳細は 1.5.6 節で解説した。本節では，非水電解液での参照電極について二つの例を説明する。

図 2.5 に非水電解液で用いられる参照電極の一例を示す。内部液は $AgClO_4$ を含むアセトニトリルとし，銀電極を浸漬させる。電解質を

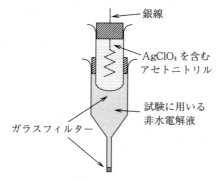

図 2.5 非水電解液で用いられる参照電極の一例

含むアセトニトリルを電解液との間に配置し,塩橋の役割を持たせる.つぎに,非水溶媒にリチウム塩を溶解したリチウムイオン二次電池の電解液では,Liを直接浸漬し参照極とすることが多い.この場合,電極電位を支配する電極反応は以下となる.

$$\text{Li}^+ + \text{e} \longrightarrow \text{Li} \tag{2.1}$$

2.2.5 ポテンシオスタットとガルバノスタット

電極電位制御による電気化学測定では出力する電流 i を測定することになり,これをポテンシオスタティックな測定という.

$$i = f(E) \tag{2.2}$$

電位制御によって電気化学測定を行う場合には測定装置として**ポテンシオスタット**(potentiostat)を用いる.ポテンシオスタットとは「電位(potential)」を「一定に保つ(stat)」ための装置を意味する.**図 2.6**(a)にポテンシオスタットの単純な回路例を示す.

図の中央に示した円が電気化学セルで,各電極との関係を図(b)に示す.左上の端子を作用極に印加したい電位 E_1 に設定する.電位を制御するアンプ PC により参照電極の電位 E_{RE} は $-E_1$ に保たれる.アンプ PC の+端子はグランド(コモン)と接続されており,アンプ PC は作用極の電位をグランド(コモン)と等しくする働きがあるの

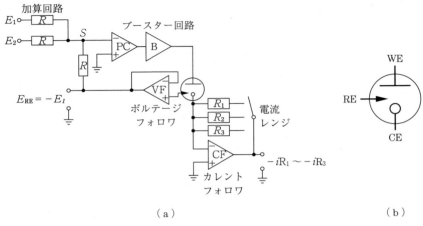

図 2.6 オペアンプを含むポテンシオスタットの回路例

〔memo〕 で，作用極の電位は 0 V となる。したがって，作用極の電極電位は，上記の作用極電位と参照電極電位との差なので $0-(-E_1)$ により，E_1 となる。参照電極はアンプ（ボルテージフォロワ）VF の＋端子と接続されており，この端子の入力インピーダンスは非常に大きいので，参照電極には電流が流れない。

また，アンプ PC にはブースター回路 B が接続されており，設定した電極電位 E_1 を保つための電流が作用極に流される。作用極に流れる電流はそのまま対極に流される。この電流が出力信号となる。アンプ CF（カレントフォロワ）には複数の抵抗が接続されており，これらを切り替えることで電流レンジを変えることができる。アンプ CF は電流を電圧に変換する機能を持っており，出力信号の電流を接続されている抵抗に応じて $-iR_1 \sim -iR_3$ の電圧に変換して外部に出力する。

図左上の電位入力部は加算回路になっており，E_1 と E_2 が加算されて作用極に印加される。例えば電気化学インピーダンス測定においては，E_1 を DC 電位，E_2 を AC 電位とすることで，DC に AC を重畳し

た電極電位を作用極に印加できる。

一方,電流制御による電気化学測定では出力信号が電極電位となり,これをガルバノスタティックな測定という。

$$E = g(i) \tag{2.3}$$

電流制御による測定では**ガルバノスタット**(galvanostat)を用いる。なお,ガルバノ(Galvano)とはイタリアの科学者ガルバニ(Galvani)にちなんだ言葉で,異なる金属(電極)間に流れる電流を意味する。

図2.7にガルバノスタットの単純な回路例を示す。左の端子を電位 E_i に設定すると,アンプ CC により点 S が 0 V に保持されるので,抵抗 R_1 にはオームの法則に従い $i_{in} = E_i/R_1$ の電流が流れる。さらにアンプ CC の機能により電気化学セルに電流 i_{in} が流される。その結果,作用極電流には i_{in} と逆符号の電流($-i_{in} = i_{cell}$)が流れる。参照電極はアンプ F と接続されており,参照電極の電位 E_{RE} が出力される。作用極電位(0 V)と参照電極電位 E_{RE} の差として,作用極の電極電位($-E_{RE}$)が信号として出力される。

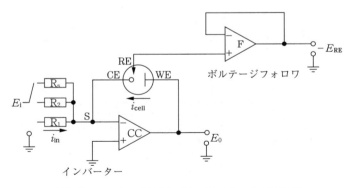

図2.7 オペアンプを含むガルバノスタットの回路例

ポテンシオスタットとガルバノスタットの両方の機能を備えた測定装置はポテンシオガルバノスタットと呼ばれる。ポテンシオガルバノスタットでは機種により,電位範囲,電流レンジ,応答速度が異なる

78　2.　電 気 化 学 の 応 用

〔memo〕

ので，目的に合わせて機種選択をする必要がある。例えば，バイオセンサーでは nA オーダーの小さな電流，電池やめっきでは A オーダーの大きな電流を流す場合がある。また，非定常測定では短時間での電流応答を測定することがあるので，その場合，短時間の応答速度が必要とされる。

2.2.6　さまざまな電気化学測定法

電気化学測定とは，電極電位と電流の関係から電極の特性を求める方法である。一般的に，電極電位は電極の状態を表すパラメーターであり，電流は電極反応速度に対応するパラメーターである。

表2.2 に代表的な電気化学測定法の例を挙げる。電極に印加する信号によって，電気化学測定は**定常測定**と**非定常測定**に分けられる。定常測定とは，電極反応速度が一定（定常）となった状態において電気化学測定を行うものである。例えば，定常電流測定では，定電位を作用極に与え，定常となった応答電流を記録し，電極反応速度を評価する。作用極の電極電位を順次変化させ，それぞれの定常電流を測定することで，定常分極曲線を得ることができる。定常分極曲線は，作用極への入力信号を定電流として，定常となった電極電位を記録してもよい。

表2.2　電気化学測定における定常測定と非定常測定の分類

定常測定	非定常測定
定常電流測定 定常分極曲線測定 ：	クロノポテンシオメトリー（電位ステップ） クロノアンペロメトリー（電位ステップ） サイクリックボルタンメトリー（三角波） 電気化学インピーダンス法（正弦波） ：

非定常測定とは，平衡または定常となっている電極に外乱を与え，その緩和過程を追跡する測定法である。緩和過程の時定数に従って，反応の素過程や中間体などに対する解析が可能である。クロノポテン

シオメトリーとは,定電流印加時の電極電位の経時変化を追跡するもので,電極反応に関わる反応物の物質量や拡散過程に関する情報を得ることができる。クロノアンペロメトリー,ボルタンメトリー,電気化学インピーダンス法に関しては次項以降で解説する。

ここでは,電気化学セル内に対流を起こしながら測定する対流ボルタンメトリーについて紹介する。対流ボルタンメトリーには,回転リングディスク電極法,ウォールジェット電極法,チャンネルフロー電極法などがある。

例えば,チャンネルフロー電極法（**図2.8**）では,作用極が壁面に設置されたチャンネル内を,層流条件で電解液を流し,電解液内での反応物の物質移動速度を制御しながら電気化学測定を行う。この方法の特徴を以下に示す。

[memo]

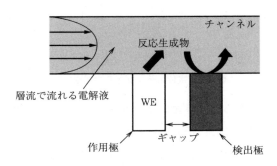

図2.8 チャンネルフロー電極法

① 電解液の流速を変えることで,反応物の物質移動速度を変えることができる。
② つねに新鮮な電解液を作用極表面に供給することができるため,測定の再現性が良い。
③ 安定した拡散層が形成されるため,短時間で電極反応が定常となる。
④ 作用極の下流に検出極（電気化学センサー）を設置することで,

[memo] 作用極での反応生成物を電気化学的にセンシングできる。

2.2.7 クロノアンペロメトリー

クロノアンペロメトリー（chronoamperometry）とは，時間（chrono）変化する電流（ampere）に対する測定法（metry）である。例えば，作用極に電流ステップ ΔE を印加したとき（**図2.9**（a）），直後に電解液抵抗 R_{sol} に依存した電流（$\Delta E/R_{sol}$）が流れ，その後，電極反応に起因した時定数により電流の減衰を見せる（図（b））。

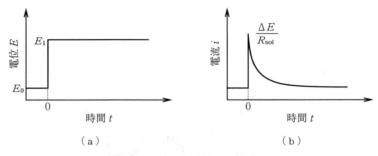

図2.9 電位ステップとその電流応答

平衡電位 E_0 から拡散律速となる電極電位 E_1 への電位ステップを与えた場合，応答電流 $\Delta E/R_{sol}$ の減衰は拡散速度の減少（拡散層の厚さの増加）に起因する。その状況を境界条件として，**フィックの拡散の第二法則**[†]（Fick's second law of diffusion）をもとに応答電流 i を導出すると以下となる。

$$i = \frac{zFD^{\frac{1}{2}}c}{\pi^{\frac{1}{2}}t^{\frac{1}{2}}} \tag{2.4}$$

---

† フィックの拡散の第一法則は，拡散によって濃度が時間変化しない定常状態の拡散についての法則だったが，第二法則は，拡散によって濃度が時間変化する非定常状態における法則である。拡散係数 D が定数のとき，濃度 c の時間変化はつぎの拡散方程式で表される。

$$\frac{\partial c}{\partial t} = D \frac{\partial^2 c}{\partial x^2}$$

ここで，F はファラデー定数，z は反応電子数，D は拡散係数，c は反応物のバルク濃度である．式 (2.4) は**コットレルの式**（Cottrell's equation）と呼ばれ，拡散律速において電流は時間の $-1/2$ 乗で減衰することを表している．

同様の条件における i と $t^{-\frac{1}{2}}$ のプロットを行った例を**図 2.10** に示す．このプロットは**コットレルプロット**（Cottrell plot）と呼ばれる．i と $t^{-\frac{1}{2}}$ に直線関係が得られ，式 (2.4) に従い，その傾きは $zFD^{\frac{1}{2}}c/\pi^{\frac{1}{2}}$ となる．バルク濃度 c が既知であれば，この傾きから拡散係数 D を求めることができる．式 (2.4) の逆数を取ると以下の式となる．

$$\frac{1}{i} = \frac{\pi^{\frac{1}{2}} t^{\frac{1}{2}}}{zFD^{\frac{1}{2}}c} \tag{2.5}$$

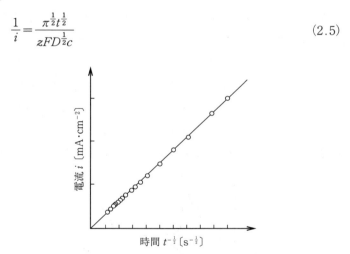

図 2.10 コットレルプロットの例

図 2.10 に示したプロットは，式 (2.5) に従い，$1/i$ と $t^{\frac{1}{2}}$ のプロットとしても直線関係を得ることができる．

2.2.8 ボルタンメトリー

電位（volt）と電流（am）の関係を求める測定法（metry）を**ボル**

[memo] **タンメトリー**（voltammetry）と呼ぶ。測定結果は，**ボルタモグラム**（voltammogram）と呼ぶが，電位-電流曲線，分極曲線と呼ばれることもある。ボルタンメトリーでは，適当な走査速度で電極電位を変化させながら，応答電流を測定する。

電位走査の方向を折り返したり，電位走査を繰り返すボルタンメトリーを**サイクリックボルタンメトリー**（cyclic voltammetry）と呼ぶ。サイクリックボルタンメトリーは略してCVと呼ばれることも多い。CVは三角波の入力信号を用いる非定常測定法であり，表2.2に示した定常分極曲線測定とは本質的に異なる。CVは電極反応の概要を知るために役立つ。

一例として，硫酸溶液中における白金電極のサイクリックボルタモグラム（CV曲線）を図2.11に示す。0.4〔V vs. SHE〕より卑な電位で水素/プロトンの酸化還元に伴うアノード・カソードの電流ピーク，0.4〔V vs. SHE〕より貴な電位で水/酸素の酸化還元に伴うアノード・カソードの電流ピークが見られる。さらに水素/プロトンの酸化還元に伴う電流ピークは複数に分離している。

図2.12に可逆な電極反応から得られるCV曲線を示す。点対称な

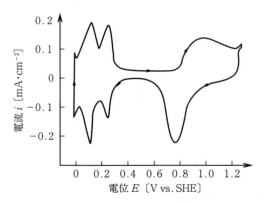

図2.11 硫酸溶液中での白金電極のサイクリックボルタモグラム

[memo]

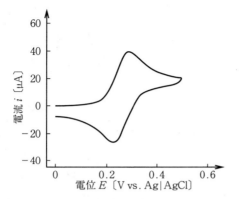

図 2.12 5×10^{-3} mol/L K$_4$Fe(CN)$_6$ 溶液中での白金電極の CV 曲線

形状が見られる。可逆な電極反応による CV 曲線での酸化ピーク電流値は以下の式で表される。

$$i_p = 0.4463\, zFcD^{\frac{1}{2}}\left(\frac{zFv}{RT}\right)^{\frac{1}{2}} \tag{2.6}$$

ここで，v は電位走査速度を意味する。

式 (2.6) から得られる酸化ピークの特徴を以下に示す。

・ピーク電流値は還元体のバルク濃度に比例する。
・ピーク電流値は走査速度の平方根に比例する。
・ピーク電位は走査速度に依存しない。
・酸化と還元ピーク電流の絶対値が等しい。

さらに，図 2.12 に示した CV 曲線の酸化と還元ピーク電位の差は $2.218\, RT/zF$（$z=1$ のとき，25℃で 57 mV）となる。

2.2.9 電気化学インピーダンス法

電気化学インピーダンス法では，電極の伝達関数としてインピーダンスまたはアドミッタンスを求め，電極・溶媒の電気的特性を評価する。インピーダンスを求めるための入力信号として正弦波交流信号を

[memo] 電極に与える場合が多いが，交流信号の変調周波数を変えることで，インピーダンスのスペクトル解析が行える。電気化学インピーダンス法では，インピーダンススペクトルの時定数を分離することができるため，電極構造または電極反応プロセスを詳細に調べることができる。また，交流信号を用いることで測定による電極のダメージが比較的少ないため，非破壊検査として腐食モニタリングおよび二次電池・燃料電池の特性評価に用いられる。

電解液の中に電極が浸漬している場合（**図 2.13**（a）），その等価回路は図（b）で表される。電極/電解液界面では，界面の溶液側に電気二重層が存在するため電気容量を持つ。この界面電気容量を電気二重層容量 C_{dl} と呼ぶ。電極/電解液界面において電荷移動が起こる場合，電極電位に依存して電気二重層に界面電位差が生じ，それが電荷移動反応のドライビングフォース（駆動力）となる。電荷移動反応の速度は電流と比例関係にあるため，界面電位差と電流の比は電荷移動抵抗 R_{ct} となり，反応の起こりづらさの指針となる。すなわち，電荷移動反応が起こりやすい場合には R_{ct} が小さくなり，起こりづらい場合には R_{ct} が大きくなる。

図（b）に示した等価回路により描かれるインピーダンススペクト

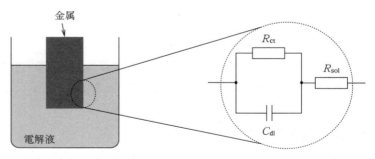

（a）電解液に浸漬された金属電極　　　　　（b）等価回路

R_{sol}：溶液抵抗，R_{ct}：電荷移動抵抗，C_{dl}：電気二重層容量

図 2.13 電極界面と等価回路の関係

ルの**ナイキスト線図**（Nyquist diagram）の模式図を**図2.14**（a）に示す。ナイキスト線図とは複素平面上に描かれるインピーダンススペクトルを意味し，図（a）に示すようにその軌跡は半円となる。この半円は時定数 $R_{ct}C_{dl}$ の容量性半円と呼ばれる。なお，R と C の積 RC は時定数と呼ばれ，時間（秒）の単位を持つ。コンデンサーは直流電流を通さないので，直流信号に対する全抵抗は R_{ct} と R_{sol} の合計となる。一方，コンデンサーは交流電流を通し，交流におけるコンデンサーのインピーダンスは周波数 f〔Hz〕の関数となる。このインピーダンスは容量リアクタンス Z_C と呼ばれる。一般的に容量リアクタンスは X_C で表されることが多いが，容量リアクタンスの単位は Ω なので本書ではインピーダンスに合わせて Z_C と表現する。

$$Z_C = \frac{1}{j\omega C_{dl}} \tag{2.7}$$

ここで，j は虚数単位，ω は角周波数（$\omega = 2\pi f$）である。

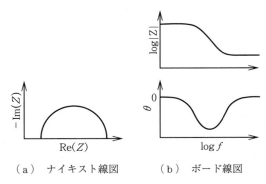

（a）ナイキスト線図　（b）ボード線図

図2.14　図2.13に示した等価回路より描かれるインピーダンススペクトル

式（2.7）において，高周波数の極限（$\omega \to \infty$〔s^{-1}〕）では $Z_C \to 0$〔Ω〕となり，低周波数の極限（$\omega \to 0$〔s^{-1}〕）では $Z_C \to \infty$〔Ω〕となる。したがって，図2.13（b）に示した等価回路に交流電位信号を印加した場合，高周波数域でインピーダンス Z は $Z = R_{sol}$ の関係となり，低周波数域では $Z = R_{sol} + R_{ct}$ となる。

86   2. 電気化学の応用

〔memo〕　　一方，図2.13（b）に示した等価回路により描かれるインピーダ
ンススペクトルの**ボード線図**（Bode diagram）の模式図を図
2.14（b）に示す。ボード線図とは，横軸を周波数の対数 $\log |f|$，
縦軸をインピーダンス絶対値の対数 $\log |Z|$ および位相差 θ とする二
つの図で，インピーダンススペクトルを示すプロットである。ナイキ
スト線図の場合と同様に，高周波数域では $\log |Z| = \log R_{sol}$ となり，
低周波数域では $\log |Z| = \log(R_{sol} + R_{ct})$ となる。それらの中間周波数
域では，$\log |Z|$ は $\log |f|$ に対して減少し，θ の値が負となってい
る。電気化学インピーダンス法を用い複数の周波数でインピーダンス
を測定することで，等価回路に含まれる要素を分離することが可能と
なる。

2.3　腐　　　　　食

本節では，金属の腐食について解説をする。さらに，それに関連す
る腐食の平衡論，腐食の速度論，活性態と不動態などについて説明を
加える。

2.3.1　金属材料と環境

腐食（corrosion）とは，環境の作用により金属材料の酸化が起こ
り，金属材料が機能を失う現象を意味する。環境の作用には，金属材
料に対する酸化作用と，酸化反応に対する触媒作用が含まれる。それ
らの関係を，簡単な腐食反応を例にとって説明する。

ビーカーの中の塩酸に亜鉛が浸漬されている様子を**図2.15**に示す。
塩酸に含まれる H^+ の還元による酸化作用により，亜鉛は Zn^{2+} とな
り，塩酸中に溶解する。このときの全反応はつぎの化学式で表され
る。

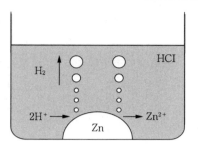

図 2.15　HCl 水溶液

$$Zn + 2H^+ \longrightarrow Zn^{2+} + H_2 \qquad (2.8)$$

化学式 (2.8) は酸化還元対の化学反応であるが，腐食反応においては酸化反応（アノード反応）と還元反応（カソード反応）の反応サイトが分離することがあり，それぞれの素反応は以下の電気化学反応で表される。

$$Zn \longrightarrow Zn^{2+} + 2e \quad （アノード反応） \qquad (2.9)$$

$$2H^+ + 2e^- \longrightarrow H_2 \quad （カソード反応） \qquad (2.10)$$

本書では，化学式に電子が含まれない場合を化学反応，電子が含まれる場合を電気化学反応と呼ぶ。電気化学反応 (2.9)，(2.10) の反応場である亜鉛と溶液界面の様子を図 2.16 に示す。この図ではアノードサイトとカソードサイトが分離しており，それぞれの電気化学

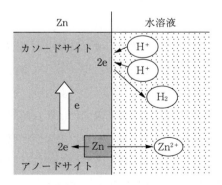

図 2.16　Zn/水溶液界面でのアノード反応とカソード反応

〔memo〕

反応が同時に進行する。アノードサイトでは電気化学反応 (2.9) により Zn^{2+} が溶液中に溶解し，電子が金属中に引き込まれる。一方カソードサイトでは，金属中の電子により H^+ が還元され，電気化学反応 (2.10) により H_2 が生成する。ここで，金属中での電気的中性条件が守られるために，電気化学反応 (2.9) で生成する電子の数と電気化学反応 (2.10) で消費する電子の数は等しくなる。すなわち，電気化学反応 (2.9) と電気化学反応 (2.10) の反応速度は等しくなる。

環境である溶液には式 (2.10) で示される酸化作用がなければ，亜鉛の溶解反応は起こらない。さらに溶液と接することにより，電気化学反応 (2.9) の反応場が形成され，Zn^{2+} が溶媒和することで，溶液中に溶解する。これらは，金属の腐食に対して，環境が酸化作用と触媒作用を持つことに関する良い例である。

2.3.2 電 位 － pH 図

鉄の原料は鉄鉱石であり，鉄鉱石は大きなエネルギーを用いて還元されて鉄となる。すなわち，熱力学的に鉄は準安定状態にあり，時間とともに安定状態である酸化体に戻っていく。金・白金などの貴金属を除くほとんどの金属は，このような準安定状態にあり，それが腐食が起こる本質的な原因となっている。

一方で，ステンレス鋼は長時間腐食せずに，ぴかぴかな状態で用いることができる。ステンレス鋼の主成分は鉄であるが，合金成分により表面に生成する不動態皮膜が環境に対するバリアになり，ステンレス鋼の酸化速度を極端に低減させるからである。

このことは，ステンレス鋼は平衡論的には腐食傾向にあるが，酸化速度が遅く速度論的には使用に耐えるだけの表面状態を維持することを意味する。したがって腐食反応を考察する際には，熱力学的データによる平衡論的解析と，金属の使用期間を考えた速度論的解析を併用する必要がある。

金属腐食の平衡論的解析には電位-pH 図が頻繁に用いられる。この電位-pH 図はプルベダイアグラムとも呼ばれる。ある金属 M の電位-pH 図の模式図を**図 2.17** に示す。この電位-pH 図は 5 本の直線で構成されており，それぞれの反応を以下に示す。

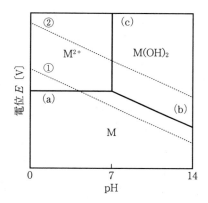

図 2.17 金属 M の電位-pH 図（プルベダイアグラム）

直線 ① ： $2H^+ + 2e \longrightarrow H_2$ (2.11)

直線 ② ： $O_2 + 2H_2O + 4e \longrightarrow 4OH^-$ (2.12)

直線 (a)： $M^{2+} + 2e \longrightarrow M$ (2.13)

直線 (b)： $M(OH)_2 + 2H^+ + 2e \longrightarrow M + 2H_2O$ (2.14)

直線 (c)： $M^{2+} + 2OH^- \longrightarrow M(OH)_2$ (2.15)

電気化学反応が平衡であるとき，その電極電位はネルンストの式で表される[†]。電気化学反応 (2.11)（直線①）の電極電位 E_1 は，室温 25℃ において以下の式となる。

$$E_1 = -0.0591\,\text{pH} - 0.0296 \log P_{H_2} \quad (2.16)$$

ここで，P_{H_2} は H_2 の分圧であるが，大胆な仮定として $P_{H_2} = 1\,\text{atm}$ とおけば，式 (2.16) は次式となる。

[†] 1.5.4 項を参照。

[memo]

$$E_1 = -0.059\,1\,\mathrm{pH} \tag{2.17}$$

式 (2.17) は，傾きが $-0.059\,1$ の直線であることを意味する。同様に，電気化学反応 (2.12)（直線②）の電極電位 E_2 は，H_2O の活量を 1 とすれば以下の式となる。

$$E_2 = 1.229 - 0.059\,1\,\mathrm{pH} - 0.014\,8\,\log P_{O_2} \tag{2.18}$$

式 (2.16) と同様に $P_{O_2} = 1\,\mathrm{atm}$ とおけば，式 (2.18) は以下となる。

$$E_2 = 1.229 - 0.059\,1\,\mathrm{pH} \tag{2.19}$$

直線 ① と比較して，直線 ② は y 切片の異なる同じ傾きを持つ直線となる。電気化学反応 (2.13)，(2.14) の電極電位 E_a と E_b はネルンストの式によりそれぞれ以下の式で表される。

$$E_a = E_{a,0} - 0.029\,6\,\log a_{M^{2+}} \tag{2.20}$$

$$E_b = E_{b,0} - 0.059\,1\,\mathrm{pH} - 0.029\,6\,\log a_{M^{2+}} \tag{2.21}$$

ここで，M と $M(OH)_2$ の活量を 1 と仮定した。化学反応 (2.15) は電気化学反応ではないので，その平衡は電極電位とは無関係で，ネルンストの式で表現することはできない。したがって，化学反応 (2.15) における平衡は溶解度積 K_{sp} で決定される。

$$\frac{a_{M^{2+}}(a_{OH^-})^2}{a_{M(OH)_2}} = a_{M^{2+}}(a_{OH^-})^2 = K_{sp} \tag{2.22}$$

水のイオン積 $K_{H_2O} = a_{H^+}a_{OH^-}$ を用いると，式 (2.22) は次式のように変形される。

$$\frac{a_{M^{2+}}}{(a_{H^+})^2} = \frac{K_{sp}}{(K_{H_2O})^2} \tag{2.23}$$

さらに両辺の対数を取ると，次式のように変形される。

$$2\,\mathrm{pH} = \log\frac{K_{sp}}{(K_{H_2O})^2} - \log a_{M^{2+}} \tag{2.24}$$

図 2.17 に示した電位-pH 図において，直線（a）は x 軸に平行な直線であり，pH と無関係であることが式 (2.20) からもわかる。こ

の電極電位 E_a は M^{2+} の濃度で決まる。この直線（a）よりも貴な電位では，より大きな M^{2+} 濃度で平衡となることから，M が M^{2+} として溶解する傾向にある。逆にこの直線（a）よりも卑な電位では，より小さな濃度で平衡となることから，M^{2+} が M として析出する傾向となる。したがって，直線（a）より上側では M^{2+} が安定な**腐食域**（corrosion region）であり，下側では金属 M が安定な**不感域**と呼ばれる。

直線（b）は -0.0591 の傾きを持っており，その上側では水酸化物 $M(OH)_2$（または酸化物）が安定な領域となる。水酸化物（または酸化物）が金属 M の表面を覆うと，その保護性から M の酸化速度が小さくなるので，腐食しづらくなる。その領域は**不動態域**（passivity region または passivation region）と呼ばれる。

直線（c）は y 軸に平行な直線であり，腐食域と不動態域の境界となっている。溶液化学として考えると，直線（c）は M^{2+} が加水分解し $M(OH)^2$ として沈殿する pH に相当する。

直線 ① と直線 ② は $1.229\,V$ の間隔を持った平行な直線となる。これらの直線の間が H_2O の安定域となり，直線 ① より下側では H_2 の安定域，直線 ② より上側では O_2 の安定域となる。図 2.17 に示した電位-pH 図での酸性側において，直線（a）よりも上側かつ直線 ① よりも下側の領域では，M^{2+} と H_2 が安定なので，H_2O に浸漬された M は水素発生を伴いながら溶解する傾向にある。また，この電位-pH 図での酸性側において，直線 ① と直線 ② の間の領域では M^{2+} と H_2O が安定である。この状況では H_2O に浸漬された M は溶液中の溶存酸素の酸化作用により M^{2+} として溶解する。

さまざまな金属の電位-pH 図の模式図を**図 2.18** に示す。6 種の金属の図中 2 本の点線は直線 ① と直線 ② に相当し，すべての金属で共通である。

図（a）の Ti の電位-pH 図では，Ti/TiO_2 の標準酸化還元電位が非

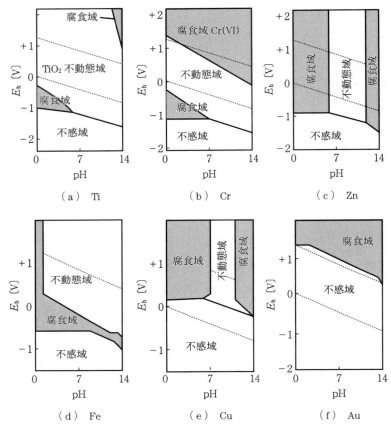

図2.18 さまざまな金属の電位-pH図

常に卑であるため,H₂Oが安定な電位域においては,TiO₂が安定で不動態域となる。したがって,Tiは標準電極電位が非常に卑であるにも関わらず,水溶液中で高い耐食性を見せる。

図(d)のFeはH₂Oの安定域においては,比較的アルカリ性で不動態域,酸性でFe²⁺が安定な腐食域となる。

また,図(b)のCrはFeに比較して標準電極電位が卑であるものの,幅広いpHで不動態域を示す。ステンレス鋼のようなFe-Cr合金では,合金表面においてFeは溶解傾向にあるため,Crが濃縮し

〔memo〕

Cr_2O_3 皮膜を生成し，良好な耐食性を示す。Cr は H_2O の安定域の比較的高電位で $Cr(VI)$ の溶解域があるため，過不動態溶解が起こりやすいことも，電位-pH 図から読み取れる。

図（f）の Au は貴金属であり標準電極電位が非常に貴なので，H_2O が安定な電位ではほぼ不感域となる。図（e）の Cu では，標準酸化還元電位が H_2O の安定電位範囲にあり，貴金属に近い耐食性を示す。

2.3.3 平衡電位と混成電極電位

第1章で述べたとおり，電荷移動律速となる酸化還元反応の平衡電位 E_{eq} 付近での電極電位 E と電流密度 i の関係はバトラー・ボルマーの式で表される。

$$i = i_0 \left[\exp\left\{ \frac{\beta z F(E - E_{eq})}{RT} \right\} - \exp\left\{ -\frac{(1-\beta)zF(E - E_{eq})}{RT} \right\} \right]$$

(2.25)

ここで，i_0 は交換電流密度，β は対称因子を表す。電極上で対となるアノード反応とカソード反応が起こっている電極を単一電極（または単純電極）と呼ぶ。単一電極では，アノード反応とカソード反応が逆反応となるので，平衡電位ではそれらの絶対値が等しく，電極は平衡状態となる。

例えば，塩酸中に浸漬された亜鉛電極上では，水素発生によるカソード反応と亜鉛の溶解によるアノード反応が起こる。この二つの反応に関するバトラー・ボルマーの式を，以下にそれぞれ示す。

$$i_H = i_{0,H} \left[\exp\left\{ \frac{\alpha_{a,H} F(E - E_{eq,H})}{RT} \right\} - \exp\left\{ -\frac{\alpha_{c,H} F(E - E_{eq,H})}{RT} \right\} \right]$$

(2.26)

$$i_{Zn} = i_{0,Zn} \left[\exp\left\{ \frac{\alpha_{a,Zn} F(E - E_{eq,Zn})}{RT} \right\} - \exp\left\{ -\frac{\alpha_{c,Zn} F(E - E_{eq,Zn})}{RT} \right\} \right]$$

(2.27)

[memo]

ここで，α_a と α_c はそれぞれアノード反応とカソード反応の移動係数である．また，下付きの添字 H と Zn はそれぞれ H と Zn に関する電極反応のパラメーターであることを意味する．

式 (2.26)，(2.27) での電流と電位の関係を模式的に**図 2.19** に示す．Zn の平衡電位 $E_{eq,Zn}$ 付近で Zn の溶解であるアノード部分電流と Zn イオンの還元であるカソード部分電流が流れ，平衡電位 $E_{eq,Zn}$ においてそれらの部分電流の絶対値が等しくなる．さらに電極上で H_2 と H^+ の酸化還元反応が起こると，電極上では2組のアノード・カソード反応が起こることとなる．アノード部分電流は電位に対して指数関数的に増加するので，H_2 の酸化に比較して，Zn の酸化反応速度ははるかに大きくなる．すなわち，電極上で複数のアノード反応が起こる場合には，卑な電位でのアノード反応が優勢となる．これと同じ理屈で，貴な電位でのカソード反応が優勢となるので，H^+ の酸化による H_2 発生反応が電極上で起こる．その結果，電極上での電気化学反応は以下となる．

$$Zn \longrightarrow Zn^{2+} + 2e \quad (アノード反応) \qquad (2.28)$$

$$2H^+ + 2e \longrightarrow H_2 \quad (カソード反応) \qquad (2.29)$$

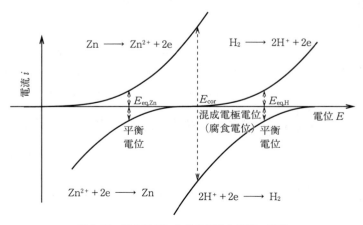

図 2.19 複合電極における電位と電流の関係

2.3 腐 食 95

[memo]

この場合，式 (2.28) のカソード反応と，式 (2.29) のアノード反応は相対的に小さく無視できるので，それぞれの式は以下のように近似できる。

$$i_H = i_a = i_{0,H} \exp \left\{ \frac{\alpha_{a,H} F (E - E_{eq,H})}{RT} \right\} \tag{2.30}$$

$$i_{Zn} = i_c = -i_{0,Zn} \exp \left\{ -\frac{\alpha_{c,Zn} F (E - E_{eq,Zn})}{RT} \right\} \tag{2.31}$$

このように複数の電気化学反応が起こる電極を**複合電極**（complex electrode）と呼ぶ。この複合電極において，アノード部分電流とカソード部分電流の絶対値が等しくなる電位を**混成電極電位**（mixed electrode potential）または**腐食電位**（corrosion potential）E_{cor} と呼ぶ。さらに，腐食電位 E_{cor} におけるアノード部分電流は**腐食電流**（corrosion current）i_{cor} と呼ばれ，式 (2.30) から以下の式で表される。

$$i_{cor} = i_{0,H} \exp \left\{ \frac{\alpha_{a,H} F (E_{cor} - E_{eq,H})}{RT} \right\} \tag{2.32}$$

腐食電位 E_{cor} でのカソード部分電流の絶対値は i_{cor} なので，式 (2.31) から以下の関係も導かれる。

$$i_{cor} = i_{0,Zn} \exp \left\{ -\frac{\alpha_{c,Zn} F (E_{cor} - E_{eq,Zn})}{RT} \right\} \tag{2.33}$$

腐食電位 E_{cor} 付近における電位と電流の関係式は式 (2.30), (2.31) から以下のように表される。

$$\begin{aligned} i = i_a + i_c = &\ i_{0,H} \exp \left\{ \frac{\alpha_{a,H} F (E - E_{eq,H})}{RT} \right\} \\ &- i_{0,Zn} \exp \left\{ -\frac{\alpha_{c,Zn} F (E - E_{eq,Zn})}{RT} \right\} \end{aligned} \tag{2.34}$$

式 (2.34) には二つの平衡電位 E_{eq} が含まれるが，$E - E_{cor} + E_{cor} - E_{eq}$ の関係を式 (2.34) に代入し，式 (2.32), (2.33) を利用することで，以下の式が導かれる。

[memo]

$$i = i_{\text{cor}}\left[\exp\left\{\frac{\alpha_a F(E - E_{\text{cor}})}{RT}\right\} - \exp\left\{-\frac{\alpha_c F(E - E_{\text{cor}})}{RT}\right\}\right] \quad (2.35)$$

なお,式 (2.35) ではアノード部分電流とカソード部分電流の移動係数をそれぞれ α_a と α_c に書き直した。図2.19において,複合電極の電位-電流曲線は腐食電位 E_{cor} を通る太線で表される。

2.3.4 腐食電流の決定法[†]

式 (2.35) で表される複合電極の電位-電流曲線の模式図を**図2.20 (a)** に示す。ここでは図から腐食電流 i_{cor} を求めることが目的

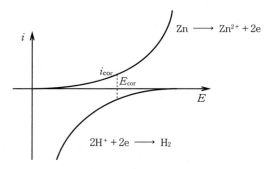

(a) 複合電極の電位-電流曲線

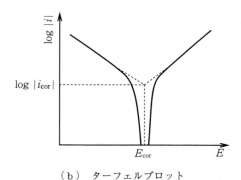

(b) ターフェルプロット

図2.20 複合電極の電位-電流曲線とターフェルプロット

---

† 1.6.8項〔3〕を見直しておくとよい。

〔memo〕

であるが，アノード部分電流は電位に対して指数関数的に増加する曲線であり，腐食電位 E_{cor} におけるアノード部分電流値に相当する腐食電流 i_{cor} をカーブフィッティングにより求めることは容易ではない。そこで電流値を対数とし，電位 E に対して $\log i$ をプロットすることで，腐食電流 i_{cor} を求めることができる。このプロットは**ターフェルプロット**（Tafel plot）と呼ばれ，その模式図を図（b）に示す。

腐食電位 E_{cor} からある程度分極された電位において式（2.35）は単純な指数関数となり，その両対数プロットは以下の式となる。

$$\log i = \frac{\log i_{cor} + \alpha_a F(E - E_{cor})}{2.303RT} \quad （アノード分極） \quad (2.36)$$

$$\log |i| = \frac{\log i_{cor} + \alpha_c F(E - E_{cor})}{2.303RT} \quad （カソード分極） \quad (2.37)$$

両式において，$\log|i|$ と E は直線の関係を持つ。図（b）に示したターフェルプロットにおいて，両直線を腐食電位 E_{cor} に外挿し，一致した点における電流値（対数）が $\log|i_{cor}|$ となる。この決定法をターフェル外挿法と呼ぶ。また，この2直線の傾きはターフェル勾配 b と呼ばれる[†]。

$$b_a = \frac{\partial E}{\partial \log i_a} = \frac{2.303RT}{\alpha_a z F} \quad （アノード部分電流） \quad (2.38)$$

$$b_c = \frac{\partial E}{\partial \log |i_c|} = \frac{2.303RT}{\alpha_c z F} \quad （カノード部分電流） \quad (2.39)$$

つぎに，腐食電流 i_{cor} と腐食速度 v の関係を考察する。例えば，鉄電極の腐食電流 i_{cor} が $1\,\mu A/cm^2$ であるとする。腐食生成物が Fe^{2+} であるとし，反応電子数 z を2とすると，ファラデーの電気分解の法則から，腐食速度 v は以下となる。

$$v = \frac{i_{cor}}{zF} = 5.18 \times 10^{-12} \quad [mol/(cm^2 \cdot s)] \quad (2.40)$$

さらに，Fe のモル質量 $M_{Fe} = 55.85\,g/mol$，密度 $\rho = 7.87\,g/cm^3$ と

[†] 1.6.8項〔3〕を参照。

[memo] すると，1年当りの鉄の平均減肉量（mm/year）は以下のように計算される。

$$\frac{M_{Fe}v}{\rho} = 3.68 \times 10^{-11} \ [cm/s]$$

$$= 3.68 \times 10^{-11} \times 60 \times 60 \times 24 \times 365 \ [cm/year]$$

$$= 1.16 \times 10^{-3} \ [cm/year]$$

$$= 0.0116 \ [mm/year] \tag{2.41}$$

2.3.5 電気化学インピーダンス法による腐食電流の決定

本項では，電気化学インピーダンス法で決定した電荷移動抵抗 R_{ct} から腐食電流 i_{cor} を求める方法について述べる。2.2.9項ですでに説明したとおり，電極溶液界面は電気二重層容量 C_{dl} を持ち，電気化学反応の反応場であることから，R_{ct} と C_{dl} の並列回路で表現される。さらに，溶液抵抗 R_{sol} を直列に加えると，電極溶液界面を表すもっとも単純な等価回路となる（**図 2.21（a）**）。この等価回路から計算されるインピーダンス Z のナイキストプロットの模式図を図（b）に示す。容量性半円が描かれているが，その半円の直径が分極抵抗 R_p に相当する。オームの法則（$E = Ri$）から以下の関係が導かれ

$$R = \frac{\Delta E}{\Delta i} \tag{2.42}$$

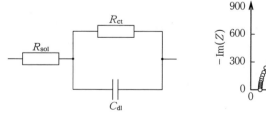

（a）金属/溶液界面の等価回路　（b）（a）に示した等価回路から計算されるインピーダンスのナイキストプロット

図2.21　金属/溶液界面の等価回路とその等価回路から計算されるインピーダンスのナイキストプロット

〔memo〕

となる。分極抵抗 R_p は電位-電流曲線（i-E 曲線）の傾きと関連することがわかる。式 (2.35) を微分すると以下となる。

$$\frac{\partial i}{\partial E} = i_{\text{cor}}\Big[\frac{2.303}{b_a}\exp\Big\{\frac{2.303\,(E-E_{\text{cor}})}{b_a}\Big\} \\ + \frac{2.303}{b_c}\exp\Big\{\frac{-2.303\,(E-E_{\text{cor}})}{b_c}\Big\}\Big] \tag{2.43}$$

ここで，この式には式 (2.38)，(2.39) を代入し，式 (2.43) に含まれるパラメーターとしてターフェル勾配 b_a，b_c を用いている。さらに，溶液に浸漬されている金属では，$E = E_{\text{cor}}$ なので，式 (2.43) に代入すると以下となる。

$$\Big(\frac{\partial i}{\partial E}\Big)_{E=E_{\text{cor}}} = 2.303\,i_{\text{cor}}\Big(\frac{1}{b_a}+\frac{1}{b_c}\Big) \tag{2.44}$$

式 (2.44) は，$E = E_{\text{cor}}$ での電位-電流曲線の傾きに相当し，その逆数が分極抵抗 R_{ct} となる。

$$R_{ct} = \Big(\frac{\partial E}{\partial i}\Big)_{E=E_{\text{cor}}} = \frac{1}{i_{\text{cor}}}\Big(\frac{b_a b_c}{2.303\,(b_a+b_c)}\Big) \tag{2.45}$$

式 (2.45) では，電荷移動抵抗 R_{ct} は腐食電流 i_{cor} と反比例の関係にあることがわかる。さらに，比例定数 $b_a b_c\,/\,2.303\,(b_a+b_c)$ が既知であれば，R_{ct} から i_{cor} を求めることができる。ターフェル勾配 b_a，b_c は，図 2.20 で示したターフェルプロットから求めることができる。

2.3.6 全面腐食と局部腐食

金属の腐食形態は全面腐食と局部腐食に分けることができる。図 2.22 に示したとおり，全面腐食では金属／溶液界面の全体にアノードサイトとカソードサイトが存在し，全面で腐食が進行する。全面腐食もアノード反応速度が均一な均一腐食と，アノード反応速度が不均一な不均一腐食に分けることができる。一方，局部腐食ではアノードサイトとカソードサイトが分離し，局所的なアノードサイトのみで金属の酸化が起こる。アノードサイトとカソードサイトの面積をそれぞれ

[memo]

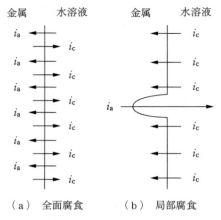

図 2.22　全面腐食と局部腐食

S_a および S_c とし，電流密度をそれぞれ i_a および i_c とする。アノード電流とカソード電流の絶対値は等しいので，以上のパラメーターは以下の関係を持つ。

$$i_a S_a = i_c S_c \tag{2.46}$$

さらに，アノード電流密度 i_a について解くと以下となる。

$$i_a = \left(\frac{S_c}{S_a}\right) i_c \tag{2.47}$$

アノード電流密度 i_a は面積比 (S_c/S_a) に比例して大きくなる。すなわち，カソードサイトが広いほど，またはアノードサイトが局所的であるほど，アノード電流密度 i_a が大きくなる。この「大きなカソードと小さなアノード」による局部腐食の加速は，面積比効果と呼ばれる。局部腐食にはさまざまな形態があり，代表的なものを以下に示す。

- 孔食（pitting corrosion）
- すきま腐食（crevice corrosion）
- 粒界腐食（intergranular corrosion）
- 異種金属接触腐食（galvanic corrosion）

2.3 腐食　　　101

〔memo〕

・磨耗腐食（erosion-corrosion）
・応力腐食割れ（stress corrosion cracking, SCC）

　孔食は，不動態皮膜などにより耐食性がある金属表面の一部で，耐食性のない箇所がアノードサイトとなり，電極表面に対して垂直方向に金属溶解が進み食孔ができる局部腐食である．孔食が進行する金属表面の模式図を**図2.23**（a）に示す．

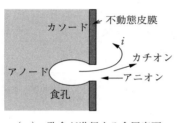
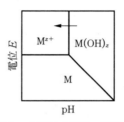

（a）孔食が進行する金属表面の模式図　　（b）金属Mの電位-pH図の模式図

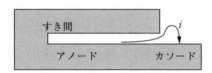

アノード反応
$M \rightarrow M^{z+} + ze$
$M^{z+} + z(H_2O) \rightarrow M(OH)_z + zH^+$

（c）すき間腐食が進行する金属表面の模式図

図2.23　孔食とすきま腐食

　カソードとなる金属表面に比較して，食孔内のアノードサイトの電位は卑なので，溶液中の内部電位は食孔内が相対的に高くなり，電流が食孔の内部から外部に向かって流れる．溶液内で流れる電流のキャリア（電荷担体）はイオンなので，電流の流れる向きにカチオンが移動し，逆向きにアニオンが移動する．例えば，溶液中に塩化物イオンなどの腐食性アニオンが存在する場合，それが食孔内に濃縮する傾向がある．さらに，アノード反応で金属イオンが生成するとその加水分解によりプロトンが生成し，食孔内のpHが低下する．

　図（b）にこの金属Mの電位-pH図の模式図を示す．金属表面が

〔memo〕

皮膜 $M(OH)_z$ の安定環境にある場合，pH が低下することで食孔内のみが金属イオン M^{z+} の安定域となることで，局部腐食が加速される。すきま腐食が進行する金属表面の模式図を図（c）に示す。この場合アノードサイトである局所は，すきまとして人工的に存在している。孔食と同じ理屈で，一度すきま内でアノード反応が起きると，すきま内が腐食が促進される環境となり，急激に局部腐食が進行する。

2.4　工業電解プロセス

本節では，工業電解プロセスについて説明し，それに関連する工業電解とエネルギー変換，水溶液電解などについて述べる。

2.4.1　工業電解プロセスとは

　一般の化学反応が，熱，光などのエネルギーで進行するのに対し，電気分解（電解）の反応は，電気エネルギーを加えることによって進行する。したがって物質の電解合成では，電圧（電位），電流，電気量などを調節することで，反応の種類，速度，合成量などを制御することができる。さらに，反応条件を設定することにより，選択性が良く，高収率で目的物を得ることができる。特に

① 　電子が直接に反応に加わるので反応系に酸化剤，還元剤などを共存させることがなくクリーンであること

② 　電極が触媒作用することが多く，反応系に触媒などを添加する必要がなく，生成物の単離生成が容易であること

③ 　通常反応が常温，常圧付近の温和な条件で行われ，安全性が高いこと

④ 　スケールメリットが少なく，少量生産に適していること

などの多くの長所がある。しかし，電解合成には反応が電極と電解質

2.4 工業電解プロセス **103**

の界面に生じる二次元反応であるという短所もある。これらを考慮し〔memo〕
て，電気分解を行うことが重要である。

表2.3に工業電解プロセスの分類と応用例を示す。

表2.3 電解プロセスの分類と応用例[11) †]

電解製造	水溶液電解	水電解（H_2, O_2, O_3），食塩電解（NaOH, Cl_2, H_2） 無機電解酸化・還元（$NaClO_3$, $KMnO_4$, $(NH_4)_2S_2O_8$, MnO_2, PbO_2, UCl_4） 有機電解酸化・還元（アジポニトリル，アントラキノン，コハク酸，グルコン酸，四エチル鉛） 金属電解採取（Zn, Cu, Cr, Mn, Ni, Co, Ga, Cd, Te, Tl） 金属電解精製（Cu, Pb, Au, Ag, Ni, Fe, Bi, In, Sn）
	溶融塩電解	溶融塩電解（Al, Na, K, Li, Mg, Ca, Be, Th, U, ミッシュメタル，F_2）
電解処理	表面処理	電気めっき（Cu, Ni, Cr, Ag, Au），電鋳 アノード酸化（Al, Ta, Ti, Mg），電解着色（Al, Ti）， 電解研磨（Al, Cu, Fe, ステンレス） 電解エッチング（Al, Cu, Si, Ti）， 電解洗浄（鋼板）
	材料加工	電解成型，電解加工（鋼材），金属粉末（Cu, Fe）， 金属はく製造
	電気防食	アノード防食，カソード防食（海洋構造物，土中埋設物）
	電気透析	製塩，海水淡水化，血清やワクチンの脱塩・精製
	環境処理	電解浮上（排水処理），生物付着防止，殺菌 重金属除去，シアン分解，排煙の脱硫，脱硝
界面電解	電気透析	粘土，カゼインなどの脱水
	電気泳動	電着塗装（自動車），アルミナ電着，ゴム粒子電着

2.4.2 重要な NaCl 水溶液電解プロセスとその技術革新

〔1〕 イオン交換膜法

多くの電解技術が産業化されているが，その中で多くの産業に素材
を供給し，重要な基幹産業となっている NaCl 水溶液電解工業（ソー
ダ塩素工業とも呼ばれる。NaOH，Cl_2，H_2 を製造する）を例にとっ
て説明する。

日本では，1970年代から「水銀法 ⇒ 隔膜法 ⇒ イオン交換膜法」

[memo]

と製法の転換が行われ，現在 NaCl 水溶液電解工業ではすべて**イオン交換膜法**（IM法，ion-exchange membrane method）で生産されている。

イオン交換膜法とは，イオン交換膜と電気分解を用いて NaCl 水溶液と水から，NaOH，Cl_2，H_2 を合成する方法である。

アノード側では，NaCl の飽和水溶液を電気分解して Cl_2 ガスを発生させる。水溶液中の Na^+ は陽イオン交換膜を透過してカソード側へと移動する。Cl^- は陽イオン交換膜を透過しないのでアノード側に残り，最終的には Cl_2 ガスになる。

一方，カソード側では水を電気分解して H_2 ガスを発生させる。水中に残った OH^- と陽イオン交換膜を透過してアノード側から入ってくる Na^+ とにより，NaOH 水溶液ができる。

（アノード側）　$2Cl^- \longrightarrow Cl_2 + 2e$

（カソード側）　$2H_2O + 2e \longrightarrow H_2 + 2OH^-$

製法転換はイオン交換膜という技術革新があって初めて成り立ったのである。

〔2〕 電極および電極触媒

寸法安定性陽極（電極）（dimensionally stable anode（electrode），：**DSA**（DSE））は，食塩水電解においては Cl_2 ガスを発生する陽極（アノード）に用いられる。その特徴は Ti の表面に，Cl_2 ガス発生の触媒をコーティングしたもので，触媒として RuO_2，$(Ru-Ti)O_2$，PdO，Pt-Ir，$(Ru-Sn)O_2$ などが用いられている。触媒はおもに貴金属類からなっており，コストが高いため，比較的に安価で強度，加工性，耐食性等に優れた Ti の表面に薄く触媒をコーティングすることで，コストを抑えている。すなわち，Cl_2 ガス発生に対する活性は触媒が保ちつつ，Ti は強度を保ち，電気を通す働きをする。長期使用によって触媒の活性が落ちた場合でも，Ti は湿潤塩素に対して完全な耐食性があり，使用中の消耗はまったくないので，触媒を再コーティングすることで再利用できる。

2.4 工業電解プロセス　　105

〔memo〕

　DSA は不溶性陽極として，めっきなどにも用いられている。DSA が開発される以前は，陽極として炭素（黒鉛）電極（グラファイト電極）が用いられてきた。これは腐食性の高い Cl_2 ガスに耐えて，電極として使用できる材質がグラファイトしかなかったからである。以下に示すように，炭素電極は多くの欠点を持つが，DSA ではそれらの欠点は解消され，NaCl 電解技術に大きな利点をもたらしている。

〔炭素電極の欠点〕

- 炭素製でブロック状であり加工性は悪く，種々の形状に加工できない。
- 徐々に炭素が反応し，使用中に消耗してゆく。⇒ 寿命の短期化，アノード-カソード間の距離が長くなり電圧上昇する。
- 塩素過電圧は高い。

〔DSA の利点〕

- 基体である Ti は加工性良好で種々の形状に加工できる。
- 湿潤塩素に対して完全な耐食性があり，使用中の消耗はまったくない。⇒ 電圧上昇が起こらない。
- 塩素過電圧は低い。⇒ 高電流密度での運転可能 ⇒ 増産可能

　ここで，塩素過電圧とは Cl_2 ガス発生反応をある速度で起こすために必要な電圧（駆動力）であり，過電圧が低いほど反応は起こりやすい。電流密度 $10\,A/dm^2$ でグラファイト電極の過電圧は約 $0.3\,V$ であるのに対し，DSA では約 $0.15\,V$ と大きく過電圧が低下している。さらに，DSA では $30\,A/dm^2$ でも過電圧は $0.20\,V$ 以下である。DSA では電流密度を 3 倍にしてもグラファイト電極よりも過電圧は低く，生産量を上げることも可能となった。

　さらに，イオン交換膜法における DSA の貢献としては，現在用いられているイオン交換膜電解槽はアノードとカソード間の距離を可能な限り短縮している。このためには電極は薄い板を加工して作る。これはグラファイト電極では不可能であり，DSA となって初めて可能

〔memo〕

106　　2. 電気化学の応用

となった。また，イオン交換膜法では NaCl 水溶液の純度を保つ必要がある。特に Ca および Mg では ppb オーダーの濃度にする必要がある。これはキレート樹脂による精製技術の向上で実現されたが，不溶性で安定な DSA が採用されなければ，実現できなかったことである。

2.4.3　アルミニウム溶融塩工業電解の新規な検討

〔1〕　アルミニウムの工業的製造法

アルミニウム（Al）を工業的に製造する方法は2段階であり，その原料であるアルミナ（Al_2O_3）を製造する工程と電気分解する工程からなる。第一にアルミナ鉱石にはボーキサイト（50～60%の Al_2O_3）が利用され，バイヤー法によりアルミナを抽出する。つぎに，アルミニウム電解法であるホール・エルー法は氷晶石（フッ化アルミニウム・ナトリウム）を主体とする電解浴に少量のフッ化アルミニウム（AlF_3），フッ化リチウム（LiF），フッ化マグネシウム（MgF_2）などを，融点を下げるため，電気伝導率を上げるために添加し，そこへ前工程で得られたアルミナ5～8%を溶解して，電解する（約1000℃）。

アルミニウム電解槽はゼーダベルグ（自焼成）式およびプリベーク（既焼成）式がおもに用いられており，横型電解槽方式である。理論分解電圧は950～1000℃程度で1.15～1.19Vであり，実際の分解電圧は1.30～1.85V程度である。しかしながら，アルミニウム1トンを製造するためには約13000kW·hを必要とするので，アルミニウムは電気の缶詰」と言われる由縁でもある。さらに，どれも平面的で電極の面積が制限される横型電解槽方式である。ここでは，この改善の一方法である縦型電解槽方式とそのカソード材料について以下に述べる。

〔2〕　電解法の応用例

模型電解槽方式の改善方法の一つである縦型電解槽方式は，極間での金属流動，磁場による隆起などがないため，極間を狭くでき，電力

原単位の低減が期待されている。ただし縦型電解槽方式ではアノードの消耗が問題となるため，非消耗アノードや縦型バイポーラ電極電解槽の検討が行われている。

非消耗アノードの対策としては，ホウ化チタン（TiB_2）含有炭素複合材カソードおよびホウ化ジルコニウム（ZrB_2）含有炭素複合材カソードが検討されている。ホウ化チタンおよびホウ化ジルコニウムは溶融アルミニウムとの濡れ性も良く，溶融炉での使用を考えた場合，耐熱性，硬質性，導伝性，熱伝導性などにも優れている。

縦型電解槽方式におけるホウ化チタン含有炭素複合材カソードおよびホウ化ジルコニウム含有炭素複合材カソードでは，前者においてはTiB_2濃度40％以上で，後者ではZrB_2濃度30％以上で，および複合電極であるTiB_2-ZrB_2含有炭素複合材カソードではホウ化物濃度25％以上で，有効なアルミニウム電解が行えることが報告されている。さらに，これらの電極を用いることにより，狭い極間距離（数 cm 程度）でのアルミニウム電解も可能となり，縦型電解炉を用いた電力原単位の低減および生産性の向上が期待されている[1,2]。

2.5 表面処理と機能化

本節では，表面処理とそれによる機能化について説明し，これらの目的と用途，表面の装飾，表面の耐食・耐摩耗性化，表面の機能化などについて述べる。

2.5.1 さまざまな表面処理と期待される機能

固体表面に化学的または物理的処理を施し，材料に付加価値を付けることを**表面処理**（surface finishing）と呼ぶ。表面処理によって付加される機能を**表 2.4** に示す。

〔memo〕

108 2. 電気化学の応用

表2.4 表面処理による機能化

機 能	物理的性質	用 途
機械的性質	硬度，低摩耗	シリンダー，回転軸
電気的性質	導電性，磁性	電子部品，磁気ヘッド
光学的性質	反射性，反射防止	光学機器，ミラー，ディスプレイ
物理的性質	はんだ付け性，接着性	プリント基板，樹脂接着
熱的性質	耐熱性，熱伝導性	放熱板，耐熱材料
化学的性質	耐薬品性，耐食性，殺菌性	耐食性材料，衛生器具

　例えば，機械的性質として表面の硬度を高めることによって，軽くて安価な材料を高強度な材料として扱える。また，化学的性質として耐食性を金属表面に与えると，腐食環境において高寿命な材料に変えることができる。表2.4に示したさまざまな機能を固体表面に与えることで，材料自体の性質に加えて異なる性質の表面をもつハイブリッド材料を作り出すことができる。代表的な表面処理法を以下に挙げる。

　① めっき：電気めっき，無電解めっき，気相めっき

　② アノード処理：エッチング，陽極酸化，電解研磨

　③ 化成処理：クロメート処理

　④ 塗装：樹脂被覆，電着塗装

　⑤ 表面硬化：浸炭，窒化，CVD，PVD

　本節では，これらの中から電気化学的手法を用いて行う表面処理について説明する。

2.5.2 電気めっき

　固体表面に金属イオンを還元析出させて，その金属薄膜でコーティングする技術を**めっき**（plating）と呼ぶ。めっきは漢字では「鍍金」と書かれ，奈良の大仏の金めっきのように日本国内でも古くから使われてきた技術である。「めっきがはげる」という言葉もあり，安物に貴金属めっきで高級感を持たせる処理のイメージがあるが，現在では

最先端技術として用いられており，表2.5に示したあらゆる機能は，めっきにより付加することが可能である

導体表面にカソード電流を流して，金属イオンの還元析出により金属薄膜を作る技術を**電気めっき**（electroplating）（あるいは，単純にめっき）と呼ぶ．典型的な電気めっきとして，Niめっきのための電解槽の模式図を**図2.24**に示す．この図では硫酸ニッケルを含む電解液にFe電極が浸漬されており，以下のカソード反応によりFe電極上にNiの薄膜が生成する．

$$Ni^{2+} + 2e \longrightarrow Ni \tag{2.48}$$

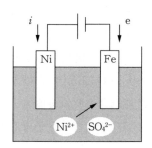

図2.24 単純なNiめっきの電解槽の模式図

標準電極電位が比較的卑な電気化学反応によりめっきを行う場合，副反応として水素発生を伴うことが多い．

$$2H^+ + 2e \longrightarrow H_2 \quad \text{（酸性）} \tag{2.49}$$

$$2H_2O + 2e \longrightarrow H_2 + 2OH^- \quad \text{（中性～アルカリ性）} \tag{2.50}$$

金属電析に水素発生が伴うと，① 金属の析出電位まで十分に分極できない，② 電流効率の低下，③ ガス発生による均一性の低下，などが引き起こされる．したがって，めっき液の調整により，極力水素発生を防ぐことが重要である．

装飾めっきとしては，Au, Agめっきなどの貴金属めっきや，Crめっきなどの光沢めっきが挙げられる．めっき液に複数の金属イオンを含

ませることで合金めっきが行えるが，Ni-W, Ni-B などのさまざまな色調を持つめっき，Sn-Ag, Sn-Cu めっきなどのはんだめっき，Fe-Ni めっきなどの磁性体めっきが広く知られている。

有機溶媒やイオン液体などの非水溶媒からのめっきも行われている。プロトン供与性でない有機溶媒をめっき液に用いると水素発生が起こらないため，より卑な電位に分極しながらめっきが行える。例えば，非水溶媒を用いた Ni めっきでは水素発生が伴わない。また，Al や Ti など卑な金属のめっきも報告されている。

2.5.3 無電解めっき

溶液中の金属イオンと共存する還元剤によって，固体表面に選択的に金属薄膜を析出させる技術を**無電解めっき**（electroless plating）（または**化学めっき**（chemical plating））と呼ぶ。無電解めっきでは，析出させる基板に外部電源による電流を流さずに電析が行えるため，絶縁体であるプラスチックやセラミック基板上にめっきが行える。プラスチック基板上へのめっきを，プラスチックめっきと呼ぶこともある。めっきが行える金属として，Co, Ni, Cu, Pd, Ag, Au が挙げられる。無電解めっきにおける電位と電流の関係を**図 2.25**に示す。

金属イオン M^{z+} から金属 M への電析反応であるカソード反応は以

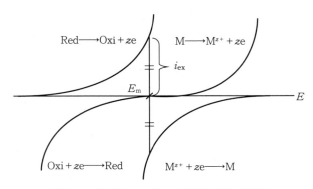

図 2.25　無電解めっきでの電位と電流の関係

2.5 表面処理と機能化

下である。

$$M^{z+} + ze \longrightarrow M \tag{2.51}$$

このカソード反応と対となる，還元剤 Red のアノード反応は以下で表される。

$$Red \longrightarrow Oxi + ze \tag{2.52}$$

ここで，Oxi は Red の酸化体である。無電解めっきでは，Oxi / Red の酸化還元電位が M^{z+} / M のものよりも卑である必要があり，その差が大きいほど電析反応の駆動力が大きい。また，式 (2.52) で表したアノード電流が大きいほど，電析速度が大きくなる。高校の化学で学習する銀鏡反応も式 (2.52) で表される還元剤の作用による銀の析出であるが，銀鏡反応はランダムに起こるのに対し，無電解めっきは固体表面に選択的に電析させる技術である。

無電解めっきの典型的な処理プロセスの様子を**図 2.26**に示す。それぞれのプロセスを以下に説明する。

① ABS 樹脂（アクリロニトリル，ブタジエン，スチレン共重合樹脂）などのプラスチック表面を界面活性剤で脱脂し，親水化さ

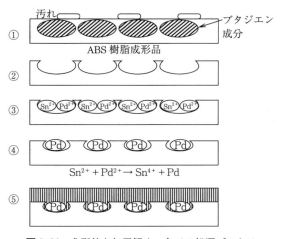

図 2.26 典型的な無電解めっきでの処理プロセス

112 2. 電気化学の応用

〔memo〕

せる。この処理を整面と呼ぶこともある。

② （CrO_3，H_2SO_4）溶液でプラスチック表面をエッチングし，表面粗化させる。

③ 塩化パラジウム，塩化第一スズを含む溶液中を用いて，プラスチック表面に Sn^{2+} と Pd^{2+} を吸着させる。この触媒付与プロセスを**キャタライジング**（catalyzing）と呼ぶ。

④ さらに硫酸などの酸による活性化処理（アクセラレーティング）を行う。この処理では

$$Sn^{2+} + Pd^{2+} \longrightarrow Sn^4 + Pd \tag{2.53}$$

の反応が起こり，Pd が活性化し，Sn^{4+} が溶解する。

⑤ 無電解めっきにプラスチックを浸漬し，反応 (2.51)，(2.52) により Ni，Cu などの無電解めっきを行う。

⑥ プラスチック表面に導通が取れたので，Cu，Ni，Cr などの電気めっきを行う。このプロセスにより，めっき膜の厚付け，または積層を行う。

無電解めっきでは，絶縁体表面に密着性の良い金属薄膜を形成することができ，導電性を付与することができるため，プリント配線板での絶縁体上のめっきに用いられる。また，無電解めっきを施したプラスチックは，自動車用部品（エンブレム，ドアの取っ手）や家電品の装飾にも用いられる。

2.5.4 陽 極 酸 化

アルミニウムは軽量な金属であることから，スポーツ用品，航空機，自動車用部品の金属材料として用いられている。また，アルミサッシなど，建材として私たちの身の回りで多用されている。Al / Al^{3+} の標準電極電位は卑であることから，アルミニウムは本質的には酸化しやすく，腐食の危険性を持つ。そこで，アルミニウムに陽極酸化を施して，耐食性を付与した材料として用いることが多い。アルミ

2.5 表面処理と機能化

ニウムの陽極酸化とは，アノード酸化により表面に酸化皮膜を形成する処理であり，アルマイト処理とも呼ばれる。この陽極酸化では，硫酸や硝酸を電解液として，アルミニウムを陽極として電気分解し，その表面に酸化アルミニウム（アルミナ，Al_2O_3）の皮膜を生成させる。

$$Al + 3H_2O \rightarrow Al_2O_3 + 6H^+ + 6e \qquad (2.54)$$

この酸化皮膜の構造の模式図を**図 2.27** に示す。酸化皮膜は 2 層構造となっており，内層はバリヤー層，外層はポーラス層と呼ばれる。バリヤー層は数百 Å の厚さの緻密な層であり，強固な保護性をもつ。ポーラス層には緻密な細孔が存在し，厚い酸化物層であるが，保護性を持たない。通常，外層のポーラス層にも保護性を持たすために封孔処理（**図 2.28**）を施す。

封孔処理は熱水処理とも呼ばれ，陽極酸化を施したアルミニウムを熱水に数十分浸漬し，生成した水和水酸化物でポーラス層の細孔を埋

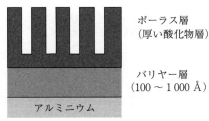

図 2.27 アルマイト処理で作製したアルミニウム酸化皮膜の模式図

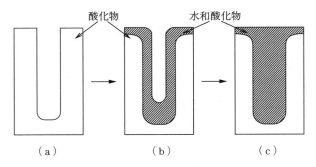

図 2.28 ポーラス層の封孔処理

[memo]

114 　2. 電 気 化 学 の 応 用

め尽くしてふさぐ処理である。一方，多孔質皮膜の細孔構造を利用して，細孔内に金属塩や有機染料などを吸着させて着色することも行われている。また，ポーラス層表面は電気化学的に活性なので，細孔内に金属を析出させて着色する電解着色法も知られている。

2.5.5　化 成 処 理

　金属材料を処理薬液に浸漬して，化学反応により耐食性を持つ皮膜を形成する表面処理法を**化成処理**（chemical treatment）と呼ぶ。化成処理では，鉄鋼材料をリン酸塩溶液で処理するリン酸処理，6価のクロム酸塩溶液で処理する**クロメート処理**（chromate coating）が広く知られている。クロメート処理において，浸漬された鉄または亜鉛の酸化電位は6価のクロム酸塩の還元電位よりも卑なので，浸漬された金属表面が還元剤となり，6価のクロム酸塩が還元して，クロメート皮膜が生成する。

$$Cr_2O_7{}^{2-} + 8H^+ + 6e \longrightarrow 2Cr(OH)_3 \downarrow + H_2O \tag{2.55}$$

$$2Cr(OH)_3 + CrO_4{}^- + 2H^+ \longrightarrow Cr(OH)_3 \cdot Cr(OH)CrO_4 + 2H_2O \tag{2.56}$$

　クロメート皮膜の主成分は3価のクロム酸化物・水酸化物である。**図2.29**にFeとCrの電位-pH図を合わせて示す。弱酸性から中性のpH範囲でFeは活性溶解領域となるが，Crは安定な不動態域であり，3価のクロム酸化物・水酸化物が表面に生成することで，良好な耐食性が得られる。クロメート皮膜にはCr(VI)成分が含まれる。クロメート処理を施した鉄に傷が付いた状態の模式図を**図2.30**に示す。

　傷が付いた状態が腐食環境に置かれた場合，露出した鉄が酸化することにより，式(2.54)の皮膜生成反応が起こり，欠陥部分が修復される。すなわちクロメート皮膜は，含有するCr(VI)により，自己修復作用を示す。最近では，この含有するCr(VI)の有害性が問題となる場合があり，クロメートに替えて，3価クロム酸塩などの代替処理

[memo]

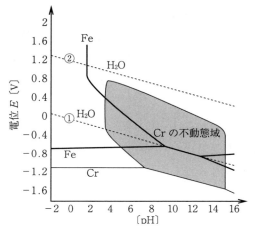

図 2.29 Fe と Cr の電位-pH 図

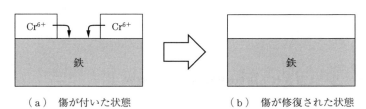

(a) 傷が付いた状態　　(b) 傷が修復された状態

図 2.30 クロメート皮膜の再生

が検討されている。

2.6 エレクトロニクスと電気化学

> 本節では，エレクトロニクスと電気化学の関連について説明し，それらに関連する半導体デバイス，電気電子材料，磁気記録材料，表示材料などについて解説する。

2.6.1 半導体デバイスと電気電子材料

半導体デバイス（あるいは半導体素子）とは半導体により構成され

〔memo〕

る素子であり，半導体の電子工学的な特性を利用し，電子部品の中心的機能を担っている。半導体デバイスには，集積回路，トランジスター，抵抗，コンデンサーなどがあり，これらは多くの電気製品に内蔵されているほか，自動車，各種産業機器などにもコンピューターの形で組込まれている。

また，電気電子材料とは，電力機器，電子機器などに用いられる材料であり，電気的物性はもちろんのこと，加工のしやすさ，機械的強度，熱・湿分に対する安定性などが強く求められる。近年，環境保全のため，有害物質を含まない，リサイクルのしやすい，廃棄物処理の負担の少ない素材が開発されている。

エレクトロニクス（electronics）とは，このような半導体デバイスや電気電子材料など，電子現象や電気現象を利用した装置や材料に関する技術である。

2.6.2 注目される磁気記録材料，表示材料

ここでは，電気電子材料として使用頻度の多い，磁気記録材料，表示材料について紹介する。

まず，磁気記録とは，データを磁気媒体に記録することである。さらに，磁気記録を行う電子媒体を磁気媒体，磁気記録を行う装置を磁気記憶装置という。特に，磁気記録は，磁性体におけるさまざまな磁化パターンを使ってデータを格納することである。

磁気記録は，従来よく使われていたオーディオカセットテープ，VTR（videotape recorder（ビデオテープレコーダー）），コンピューターの磁気ディスクやキャッシュカードなどに広く応用されているが，それらを区分すると，アナログ方式，ディジタル方式，光磁気方式，水平磁気記録方式，垂直磁気記録方式，磁気バルブメモリー（磁気伝播メモリー）方式などに分類される。これらの磁気記録方式は，どれも小さい媒体に大量の情報を記録できる。また，記録，再生とも

2.7 バイオエレクトロケミストリー　　117

〔memo〕

に電気的に比較的容易であり，さらに記録が不要になれば消してまた別の情報を記録できるといった特徴がある。

つぎに，表示材料としては，エレクトロクロミック材料がある。これは，電気的に引き起こされる可逆的な酸化還元反応によって色が付いたり消えたりする高分子材料である。この材料は，金属イオンと有機分子の間に働く引力（配位結合）を利用して，金属イオンと有機分子が数珠状つなぎになった新しいタイプの高分子材料であり，次世代表示材料として電子ペーパーへの応用が期待されている。高分子内部の金属イオンを酸化還元することで，フルカラー化できる優れたエレクトロクロミック特性を示すものである。

2.7　バイオエレクトロケミストリー

本節では，バイオエレクトロケミストリーについて解説し，それに関連する電気化学と生物の関わり，生体関連物質の電気化学，生体機能と電気化学，生物電気化学計測，サイボーグテクノロジー，生物電池などについて述べる。

2.7.1　電気化学と生物のかかわり
：バイオエレクトロケミストリーの始まり

「カエルの足の筋肉に金属が触れたとき，その筋肉が痙攣した」という現象を 1791 年にガルバニ（Galvani）が発見している。この現象の発見がエレクトロケミストリー（電気化学）の始まりであり，さらには，**バイオエレクトロケミストリー**（**生物電気化学**, bioelectrochemistry）の始まりでもある。一般に，生体系中の脳などではイオンが伝える電気信号に応答しており，生体系はイオニクス系[†]であ

---

†　エレクトロニクスに対応する表現で，イオンを中心とする系のこと。

[memo] るともいえるので，生体系がエレクトロケミストリーと深い関わりがあるのも事実である．近年，医用材料の発達に伴う生体系のサイボーグ化に関連する研究も目覚ましく進んでおり，この基礎的な知見を得る上でもバイオエレクトロケミストリーは重要となってきている．特に，人間の五感（視覚，聴覚，嗅覚，味覚および触覚の五つの感覚）を司る感覚器のサイボーグ化であるセンサー（外界からのさまざまな情報を捉え，電気信号に変換するデバイス）はその代表例である．

2.7.2 各種の細胞と電気化学

細胞には動物の真核細胞のように，核をはじめとする多くのオルガネラ（細胞内小器官）が存在し，細胞膜によって細胞の内側と外側に二分されて外界と異なる環境を保っている．この細胞の内部と外界を区切る細胞膜は，脂質，タンパク質，糖タンパク質などを含む，半透膜の脂質二分子膜である．一般に，このような半透膜で仕切られた2槽の同一電解質溶液に濃度差がある場合，半透膜をはさんだ両液間で電位差であるドナン電位が生じる．これと関連して，図 2.31 に示すように，一般的に細胞膜の内側と外側にも電位差である細胞膜電位あるいは膜電位（$\Delta\varphi$）が生じる．一般に，膜電位 $\Delta\varphi$ は

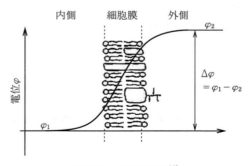

図 2.31　細胞膜電位[15]

〔memo〕

$$\Delta\varphi = \varphi_1 - \varphi_2$$

$$= -\left(\frac{RT}{F}\right)\ln\left\{\frac{(\sum u_+ c_{+,1} + \sum u_- c_{-,1})}{(\sum u_+ c_{+,2} + \sum u_- c_{-,2})}\right\} \qquad (2.57)$$

と表せる。ここで，φ_1 および φ_2：膜の内側および外側の電位，u および c：移動度および濃度で，下付添字の＋，－，1 および 2 はそれぞれ＋イオン，－イオン，膜の内側および膜の外側を示す。

　神経細胞の興奮していない状態である静止状態での膜電位は -50 $\sim -70\,\mathrm{mV}$ 程度となり，細胞膜の内側は外側に比べて負となる。これは，静止状態での神経細胞では，細胞内から細胞外へ 3 個のナトリウムイオン（Na^+）とその逆に細胞外から細胞内へ 2 個のカリウムイオン（K^+）を能動的に輸送する**アデノシン三リン酸**（adenosine triphosphate，ATP）動作ポンプ（Na^+-K^+ポンプ，これは Na^+-K^+ 活性化 ATPase である）の作用のためである。また，これらイオンの受動的な逆戻り拡散であるリーク作用に基づく動的定常状態における細胞膜を挟んだ Na^+ と K^+ の濃度勾配などのためでもある。このように，細胞の電気化学的パラメーターとして膜電位がある。

　つぎに，細胞が外界からの刺激（すなわち，情報）を最初に受けるのも細胞膜であり，刺激に対する応答も細胞膜から始まる。すなわち，刺激により細胞膜の電気化学的パラメーターである膜電位にも変化が生じる可能性がある。高等動物などの生体系では，刺激の変換系（刺激から興奮に変換する系），伝達系（興奮を伝達する系）などとして感覚器官，神経系などがある。例えば，神経系は**図 2.32** に示されるような神経細胞であるニューロンが連携してできている。

　神経細胞は核，樹状突起などを有する細胞体とミエリン梢，ランビエ紋輪等を有する軸索から形成され，軸索終末がシナプスを介して隣接する神経細胞の樹状突起に，あるいは筋線維（横紋筋線維など）に接している。神経細胞は，直接の刺激，隣接する神経細胞からの衝撃（興奮伝達）などにより興奮し，それによって生じた電気信号である

[memo]

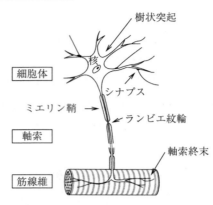

図 2.32 神経細胞（軸索終末が筋線維に接しているもの）[15]

神経インパルスが軸索を 1～100 m/s 程度の高速で走り抜けて軸索終末から他の神経細胞に興奮を伝達する。図 2.33（b）にキャピラリー電極を用いた神経細胞の膜電位測定結果を示す。静止状態での膜電位（静止電位）は -50 mV 程度であるが，刺激を与えることによっ

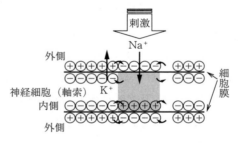

（a） 神経細胞での興奮の発生

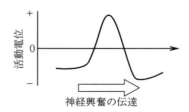

（b） キャピラリー電極を用いた神経細胞の膜電位測定結果

図 2.33 神経細胞（特に軸索）での興奮の発生と膜電位測定結果[15]

て膜電位は急激に正に増大して+50 mV程度となり，数ms後に元の静止電位に戻る。この電気信号が神経インパルスである。このように，刺激受容前後で膜電位に変化が生じることがわかり，この膜電位の差を活動電位と呼ぶ。一般に，神経細胞での興奮の発生と伝達は，この活動電位（電気信号的には神経インパルス）の発生と伝達による。

　さらに，神経細胞（特に，軸索）での興奮，すなわち活動電位の発生と伝達の機構について考えてみると図（a）のようになる。前述したように静止状態では膜電位は負になり，神経細胞の細胞膜の内側は負に，外側は正に帯電している。ここで，細胞に刺激を与えて局部的に興奮させると，そこでの膜成分である脂質，タンパク質などの一時的な配向変化が引き金となり，Na^+イオンチャネルの急速開口・閉口そして不活性，K^+のイオンチャネルの遅延開口そして非閉口，Na^+-K^+ポンプの活発作動などが起こり，膜を介したNa^+およびK^+の濃度勾配変化，分布変化などが連続的に生じ，この結果として，活動電位の発生，極大そして消失が起こる。また，活動電位の発生付近では細胞膜は脱分極してつぎの活動電位の立ち上がりを準備し，活動電位の消失付近では細胞膜は再分極してNa^+イオンチャネルが不活性状態となっている。これより，一方向への活動電位の伝達が促されるのである。

2.7.3　生体表面での電気的現象とその医療分野への応用

　さて，生体系はイオニクス系であることは前に述べたが，生体表面でも電気的現象である脳波，心電，筋電などが計測でき[†]，医療分野

[†]　脳波：δ波（$0.5 \sim 3.5$ Hz，$1 \sim 300\,\mu$V），θ波（$4 \sim 7$ Hz，$1 \sim 300\,\mu$V），
　　　　α波（$5 \sim 13$ Hz，$1 \sim 300\,\mu$V），β波（$11 \sim 25$ Hz，$1 \sim 300\,\mu$V）
　　　　およびγ波（$25 \sim 60$ Hz，$1 \sim 300\,\mu$V），
　　　心電：$0.1 \sim 200$ Hz，$1\,000\,\mu$V，
　　　筋電：$5 \sim 1\,000$ Hz，$10 \sim 10\,000\,\mu$V

122   2. 電 気 化 学 の 応 用

〔memo〕 に応用されている。

例えば，脳波は $0.5 \sim 60\,Hz$ 程度の周波数，$1 \sim 300\,\mu V$ 程度の電位差を有し，周波数により α, β, γ, δ, θ 波などに分けられ，それぞれ各種条件によって生じるので，てんかん（脳波に異常スパイクが発生），痙攣（脳波に異常スパイクが発生），頭部外傷（各波に異常が発生），脳腫瘍（δ 波に異常が発生）等の診断に効果的である。心電は $0.1 \sim 200\,Hz$ 程度の周波数，$1\,000\,\mu V$ 程度の電位差を有し，心臓の活動に対応して時系列的な波形である P，Q，R，S，T 波など（心電図）を生じるため，心臓疾病の診断に用いられる。

2.7.4　生体でのエネルギー変換

つぎに，生体でのエネルギー変換について考えてみる。自動車はガソリンを供給してそれを酸素（O_2）とともに爆発的に燃焼，すなわち，酸化させることによりカルノーサイクル的な機構で化学エネルギーを運動エネルギーに変換して走行することができる。それに対して，人間は摂取した食物と酸素による穏やかな呼吸[†]（酸化）による呼吸鎖電子伝達系でのエネルギー変換（後述する生体系における燃料電池）によって運動することができる。この人間におけるエネルギー変換のプロセスは，連続的かつ多段的な電子伝達が生じる一連の酵素系に基づく酸化還元反応であるため，穏やかな反応によってエネルギー変換が起こなわれる。植物の光合成電子伝達系でのエネルギー変換プロセスもこれに非常に類似している。詳細は 2.7.6 項で述べる。

生体系でのエネルギー変換は，生体触媒である酵素に基づく酸化還元反応である。例えば，生体内に存在する化学物質を化合物 1 および 2 とした場合，生体系の酸化還元反応はこれら化合物 1 および 2 の酸化および還元［式 (2.58) および式 (2.59)］の二つの反応が組み合わ

---

† ここでいう呼吸は後述する生化学的な意味での呼吸である。

されて進行しており，式 (2.60) のように記述できる。

$$(\text{Red})_1 \rightleftharpoons (\text{Oxi})_1 + z\text{e} \tag{2.58}$$

$$(\text{Oxi})_2 + z\text{e} \rightleftharpoons (\text{Red})_2 \tag{2.56}$$

$$(\text{Red})_1 + (\text{Oxi})_2 \overset{K}{\rightleftharpoons} (\text{Oxi})_1 + (\text{Red})_2 \tag{2.60}$$

ここで，$(\text{Red})_m$ および $(\text{Oxi})_m$ は化合物 m の酸化体および還元体，K は平衡定数である。

また，生体（pH 7）での式 (2.60) の標準酸化還元電位 ($E^{0\prime}$) はネルンストの式より式 (2.61) となり

$$\Delta E^{0\prime} = E^{0\prime}{}_2 - E^{0\prime}{}_1 = \frac{RT}{zF} \ln K \tag{2.61}$$

ギブズの自由エネルギー変化 ($\Delta G^{0\prime}$) は式 (2.62) となる。

$$\Delta G^{0\prime} = -zF(E^{0\prime}{}_2 - E^{0\prime}{}_1) = -zF\Delta E^{0\prime} \tag{2.62}$$

さらに，ファラデー定数は $F = 23.05\,\text{kcal}/(\text{mol·V})$ であるので，最終的に式 (2.63) となる。これより，生体系での酸化還元電位を求めることによって，生体系での反応の自由エネルギーに換算できるのである。

$$\Delta G^{0\prime}\,[\text{kcal}/\text{mol}] = -23.05\,z\Delta E^{0\prime}\,[\text{V}] \tag{2.63}$$

ここで，$E^{0\prime}{}_2$ および $E^{0\prime}{}_1$：pH 7 における化合物 1 および 2 の酸化還元電位，R：気体定数，T：絶対温度，F：ファラデー定数および z：電子数である。

2.7.5 生体系での電気化学

哺乳類などの生体系では，食物より得られた有機物（呼吸基質）の酸化・分解などを行い，生命維持や生命活動に必要なエネルギーを得ており，これを一般に呼吸という（**図 2.34**）。一般に，脂肪，多糖類，タンパク質など呼吸基質は各種酵素により段階的に酸化・分解され，遊離のエネルギーは高エネルギー物質である ATP に貯蔵される。呼吸基質である多糖類からの単糖の酸化・分解のプロセスは

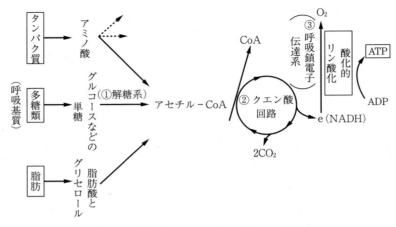

図 2.34 哺乳類などにおける生体系での呼吸[16]

① 解糖系（Embden-Meyerhof-Parnas 回路，EMP 回路）
② クエン酸回路（トリカルボン酸回路，TCA 回路またはクレブス（Krebs）回路）
③ 呼吸鎖電子伝達系

に分類され，①は真核細胞の細胞質の基質に，および②と③は真核細胞の細胞小器官であるミトコンドリアに存在する。

例えば，図 2.34 に示すように，食物の一つである多糖類を加水分解してできるグルコース（$C_6H_{12}O_6$，1 mol）は①でピルビン酸（$CH_3COCOOH$，2 mol），水素（H，4 mol），ATP（2 mol）などを生成する。生成したピルビン酸（2 mol）はミトコンドリア内に取り込まれ，アセチル補酵素（アセチル CoA）を経て，②で加水分解などを生じて二酸化炭素（CO_2，6 mol），水素（H，20 mol），ATP（2 mol）などを生成する。最後に，①および②でデヒドロゲナーゼなどによって呼吸基質より得られた H（24 mol）が補酵素ニコチンアミドアデニンジヌクレオチド（NAD^+）などを介してミトコンドリア内膜のクリステにある③に運ばれる†。運ばれた H は，ここでプロトン（H^+）

---

† H は，NAD^+ などの水素受容体（または還元体）である NADH などの形で運ばれている。

と電子 (e) となり，**図 2.35** に示すような一連のチトクローム酵素群を介しての電子伝達そして最終的な酸素還元（電子の最終処理）による水 (H_2O, 12 mol) の生成およびその際の電気化学的プロトン勾配による大量の ATP (34 mol) の生成を行っている[†]。

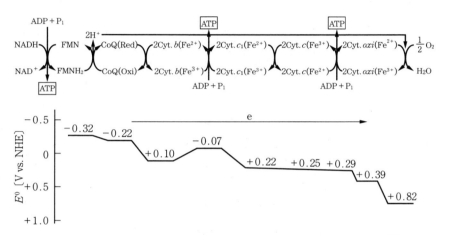

図 2.35 呼吸鎖電子伝達系の機構（電子伝達，ATP 生成，酸素還元など）[15]

2.7.6 葉緑体の電気化学

高等植物，藻類等の生物系には葉緑体が存在し，生命維持や生命活動に必要な有機物を得るための光合成が行われている。光合成は，二酸化炭素 (CO_2) と水 (H_2O) を取り入れ，太陽光のエネルギー（光エネルギー）を利用することにより，複雑な反応プロセスを経て有機物を合成している。

この光合成には，**図 2.36** に示すように，① 光を必要とする明反応

[†] 図中の ADP はアデノシン二リン酸，P_i は無機リン酸である。FMN はフラビンモノヌクレオチドであり，NADH などと同じく水素受容体（還元体）の形で H を運ぶ。FMN の還元形は $FMNH_2$ である。CoQ (Oxi) と CoQ (Red) はそれぞれ補酵素 Q（ユビキノン）とその還元形である。Cyt.*b*，Cyt.*c₁*，Cyt.*c*，Cyt.*oxi* は，それぞれチトクローム *b*，チトクローム *c₁*，チトクローム *c*，チトクローム *c* 酸化酵素である。Cyt の（ ）内は，チトクローム中のヘム鉄の酸化状態を表している。

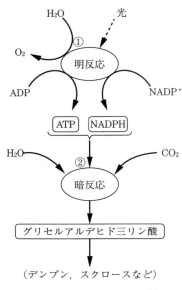

図 2.36 光合成プロセス[15]

と②光を必要としない暗反応の二つの反応プロセスがある。①は葉緑体のチラコイド膜で生じ，光を必要とするクロロフィル，カロチノイドといった光合成色素や明反応に関係する酵素群により行われる。また，②は葉緑体のストロマで生じ，暗反応に関係する酵素群により行われる。

①において光エネルギーによって水（H_2O）が酸素（O_2）になるプロセス（明反応）で ATP と NADPH[†] が合成され，これらが②の炭素固定回路（暗反応）において二酸化炭素（CO_2）と水により有機物の基となるグリセルアルデヒド三リン酸（G3P）となり，さらにストロマでデンプンに，細胞質でスクロースになる。ここで興味深いのは，呼吸鎖電子伝達系と同様に ATP を生成する①のプロセスである。

以下にその詳細を解説する。①は**図 2.37** に示すような光化学系を

[†] NADPH は，ニコチンアミドアデニンジヌクレオチドリン酸 $NADP^+$ の還元形である。

2.7 バイオエレクトロケミストリー

[memo]

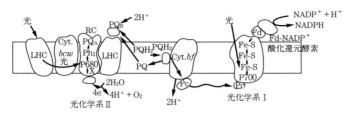

（a）光合成明反応での電子伝達系

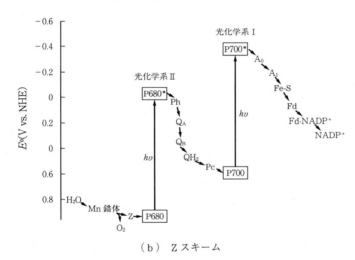

（b）Ｚスキーム

図 2.37 光合成明反応での電子伝達系と Z スキーム[17]

二つ有する連続した酸化還元系の光合成電子伝達系であり，図の形からＺスキームと呼ばれている。電子が光化学系Ⅱから光化学系Ⅰに移動する際に光化学系Ⅱで生成したプロトンに基づくプロトン勾配の作用により，呼吸鎖電子伝達系と同様の形で ATP を生成する。この ATP 生成の一連の反応を，電子が一方向に伝達されて ATP を生成することから，非循環的光リン酸化反応という。また，非循環的光リン酸化反応で生成する ATP は非循環的なので少量であるが，ATP を過剰に生成するために②を循環させる反応を有し，これを循環的光リン酸化反応という。このように光合成においても効果的に電子伝達系を

[memo] 用いることによって，効率良くエネルギー生成を行っているのである。

2.7.5, 2.7.6項において，呼吸および光合成におけるATP生成のためのそれぞれの電子伝達系について説明した。呼吸でのエネルギー源は呼吸基質である有機物であるのに対し，光合成でのそれは太陽光であるが，重要なのはどちらも一連の酵素群を有し，連続的な酸化還元反応を介してプロトン勾配により穏やかな条件でATPを生成しているという点である。

2.7.7 生物電気化学計測

バイオエレクトロケミストリーの応用には，計測技術，精製技術，サイボーグテクノロジー（2.7.8項），電池化学，細胞工学，バイオセンサー（2.9.4項）などがある。生体物質の多くは電荷を有しているので，電場中で移動する。この電場によって溶媒の中を粒子が動くことを**電気泳動**（electrophoresis）といい，分析や精製などに用いられている。

例えば，**図2.38**に示すように異なる割合の負電荷を有する生体物質A，BおよびCの混合試料（A+B+C）があり，これを支持物質に乗せて溶媒中で電場をかけると電気泳動が生じ，A，BおよびCを分離し，分析または精製できる。

電気泳動法には，移動界面法，ゾーン法，連続法などがある。目的

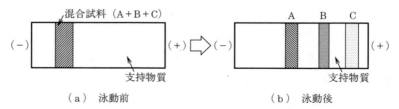

図2.38 電気泳動の例[15]

に応じて使い分けるが，現在では移動界面法はほとんど用いられていない。以下でゾーン法および連続法について述べる。

ゾーン法は支持物質の違いにより，ろ紙電気泳動法，酢酸セルロース電気泳動法およびゲル電気泳動法に分類される。ろ紙電気泳動法には低電圧法（20 V/cm程度）と高電圧法（200 V/cm程度）があり，前者はタンパク質（ポリマー）の分析，後者はアミノ酸（モノマー）やペプチド（オチゴマー）の分析に適している。さらに，高電圧法とクロマトグラフィーの両方を用いた二次元分析法はより効果的であり，**図2.39**に示すようにアミノ酸を完全に分離分析できる。

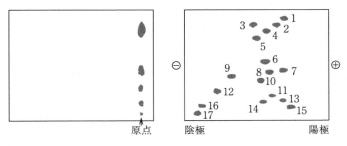

(a) クロマトグラフィーだけ　　(b) クロマトグラフィーの後で電気泳動

・クロマトグラフィーの展開溶媒：ルチジン/水 = 2/1
・電気泳動のpH：2.25

(1：トリプトファン，2：チロシン，3：ロイシン，4：フェニルアラニン，5：メチオニン，6：トレオニン，7：ヒドロキシプロリン，8：プロリン，9：アラニン，10：セリン，11：グルタミン，12：グリシン，13：グルタミン酸，14：アスパラギン，15：アスパラギン酸，16：アルギニン，17：リシン)

図2.39 アミノ酸のクロマトグラフィーと電気泳動二次元分析[18]

一方で，酢酸セルロース電気泳動法は，他の方法に比べて手法の簡便さ，高分解能などの点で優れている。ゲル電気泳動法のゲルとしてはデンプン，ポリアクリルアミド，アガロース，アガロース-アクリルアミドなどがあり，タンパク質，核酸などに効果的である。特に，ゾーン法を改良したポリアクリルアミドゲルを用いるディスク電気泳

動法は最大の分解能を有するので，広く用いられている。

また，ゲルの種類で分類されるゾーン法以外に，タンパク質のような両性電解質の等電点（電荷がなくなるpH）を用いて分離する等電点電気泳動法がある。タンパク質混合物をpH勾配中に置いた場合，各タンパク質は等電点に対応するpHで止まるので分離することができる。この方法は分析のみでなく精製にも用いられている。例えば，ヘモグロビンはαおよびβそれぞれ2個のサブユニットからなる四次構造であり，それぞれのサブユニットの分子量，構造などは類似しており，クロマトグラフィーなどによる分離は厄介である。しかしながら，αおよびβサブユニットの等電点は，それぞれ，7.3および6.6程度であるので，**図2.40**のように等電点電気泳動法を用いて分離，精製等ができる。さらに，本法と従来の電気泳動法の両長所を持ち合わせた等速電気泳動法が開発されており，キャピラリー管を用いたキャピラリー等速電気泳動法は有効で，タンパク質のような両性電解質以外に有機酸，ヌクレオチドなどの分析も可能である。

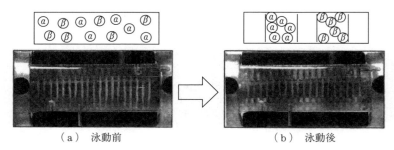

(a) 泳動前　　　　　　　　　　(b) 泳動後

図2.40 ヘモグロビンサブユニットの等電点電気泳動による分離精製[15]（丸印のαおよびβは，それぞれαサブユニットおよびβユニットを示す）

連続法としては，連続流（カーテン型）電気泳動法があり，上部より混合試料を連続的に加えながら上下の溶媒の流れおよび左右の電場を利用して，下部に並べられた集液管にそれぞれ分離した試料を得る方法である。おもに，分析法よりも試料調製法として用いられる。

その他の生物電気化学計測として，細胞電気泳動測定（細胞の表面電荷を測定），細胞数計測（コールターカウンターなど），微小電極測定（細胞内でのボルタンメトリー，生体内マイクロセンサ測定など），バイオセンサー（酵素，微生物，免疫，オルガネラセンサー，組織，FET型等のセンサー，詳細は次項で述べる）などがあり，細胞工学，環境工学，臨床医学等の広範な分野で検討されている。

[memo]

2.7.8 サイボーグテクノロジー

生体機能を人工的に再現し，医学，歯学，薬学，工学等の分野に波及する**サイボーグテクノロジー**（cyborg technology）（**図2.41**）は，今世紀の最も重要な技術といっても過言ではない。ここでは，バイオエレクトロケミストリーの立場から捉えたサイボーグテクノロジーについて数種の例を述べる。

図2.41 サイボーグテクノロジー[15]

まず，導電性高分子，高分子ゲル，イオン交換樹脂などの柔軟な材料を用いて筋肉運動である伸縮，屈伸などの生体系類似運動を行う駆動体があり，筋肉モデル（導電性高分子アクチュエーター）として検討されている。**図2.42**に示すように，導電性高分子であるポリアニリンは電解質環境において2V程度の電圧で左右に大きく屈曲する。

[memo]

図2.42 筋肉モデル（導電性高分子アクチュエーター）[19]

図2.43にポリアニリンの電気化学的な酸化還元のサイクリックボルタモグラム CV，分子の構造変化および伸縮挙動を示す。

LS状態～ES状態間①の大きな伸長・収縮は負イオンの注入・放出，ES状態～PS状態間②のわずかな収縮・伸長はプロトン（H^+）

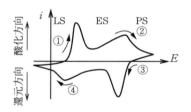

（a）サイクリックボルタモグラム（CV）

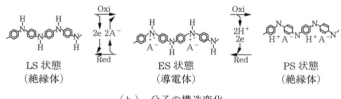

（b）分子の構造変化

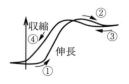

（c）伸縮挙動

図2.43 筋肉モデル（導電性高分子アクチュエータ）の作動機構[19), 20)]

の放出・注入が主であり、さらに分子の構造変化、静電反発なども影響している。この運動の応答は数秒程度と速く、収縮力は1〜2 MPa 程度で生体系筋肉のおよそ10倍に相当する人工筋肉の実現が期待される。

2.7.9 生物電池

前述した呼吸鎖電子伝達系、光合成電子伝達系等は生体での有効なエネルギー変換系であり、かつ究極の燃料電池や太陽電池でもある。このような生体系でのエネルギー変換系を応用した生物電池が各種検討されている。生物電池には、酵素電池、微生物電池、生物太陽電池などがあり、アノードでの酵素反応生成物、還元型電子伝達物質、代謝物質、水素等の酸化反応とカソードでの酸素の還元反応を組み合わせた燃料電池型、アノードでの光化学的酸化反応とカソードでの光化学的還元反応を組み合わせた太陽電池型などがある。

例えば、生物電池の酵素電池の一つとして、図2.44に示すようなグルコースを燃料とする酵素電池がある。これは、前述した呼吸のエネルギー変換系と同じ原理（図中の上部分）で作動するもので、グル

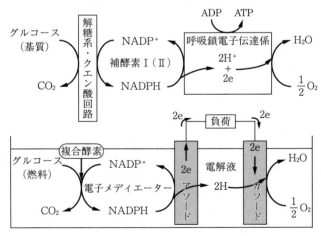

図 2.44 呼吸鎖電子伝達系と酵素電池（グルコース系生物燃料電池）[21]

〔memo〕 コースが酵素により二酸化炭素（CO_2）になる際に共役して電子伝達物質の NAD^+ や $NADP^+$ が還元されて NADH や NADPH になり，これら還元型電子伝達物質がアノードで酸化反応すると同時に，酸素（O_2）がカソードで還元反応することにより，電池として作動するものである。

2.7.10　人工神経回路

つぎに，**人工神経回路**（artifical neural circuit）について述べる。高等動物の神経系が人工物によって再現できれば，極微小，超高速，高機能，低エネルギーな情報変換・伝達システムの構築の可能性が出てくる。その再現のための基礎的な検討として，半導体の微細加工技術であるリソグラフィー技術を応用した人工神経回路の検討がある。

例えば，パターン化した石英基板，金属酸化物基板などに脊髄後根細胞の軸索を成長させた実験では，軸索は基板表面の $1\,\mu m$ 以下の大きさの微細構造，表面電荷などを認識して成長している。これにより軸索の成長方向の制御が可能となり，人工神経回路の設計が可能となる。

さらに，こうして作られた人工神経回路と同様なパターン化を施して多点での計測が可能な微小電極アレイを作製することにより，人工神経回路の機能を評価することも可能となる。これより，培養細胞での電気的情報の検出や細胞への刺激付与なども可能となり，細胞電気化学的な検討も可能となる。

生体には，五感を司る感覚器が備わっている。これらを人工的に応用したものがセンサーである。特にセンサーは，外界からの色，光，音，臭，味，圧力，温度，湿度などのさまざまな情報を捉え，電気信号に変換するデバイスであり，その中に化学センサー（化学物質に応答するセンサー）の一つとしてバイオセンサーがある。バイオセンサーの詳細については，2.9.4項で述べる。

〔memo〕

2.8 光 電 気 化 学

本節では，光電気化学について説明し，それに関連する内容として
太陽電池などについて詳説する。

2.8.1 光電気化学とは

光電気化学（photo-electrochemistry）とは，電極に電流を流す代
わりに光照射により表面に電位差が生じて電気化学反応を起こす現象
（この現象を本多-藤嶋効果という）を取り扱う分野である。すべての
半導体でこの現象が起こり，それにより物質がイオン化したり，水溶
液が電気分解することがある。実用面では光触媒，色素増感太陽電池
などがある。このような光触媒としては，二酸化チタン（アナターゼ
型とルチル型），亜酸化銅などがある。特に，二酸化チタンは紫外光
で活性化し，ドーピングにより活性化波長を変えることができる。亜
酸化銅は可視光で活性化し，特に（1）太陽光により水と酸素から過
酸化水素を合成する光触媒の開発，（2）光電極を用いた酸化剤と水
素の製造方法の開発，（3）ひずみを活用した亜酸化銅太陽電池の機
能化などが研究されている。

2.8.2 太陽とそのエネルギー

太陽電池（solar cell）は，放射エネルギーを直接的に電気エネル
ギーに変換する装置（物理電池）の一つであり，光起電力効果を利用
して光エネルギーを直接電力に変換する。一般に，太陽エネルギー
量，すなわち太陽の放射エネルギー量を考えると，電力に換算して
3.8×10^{23} kW 程度と推定され，これが地球の大気圏近くに達すると
放射エネルギー密度として 1.4 kW/m^2 程度になる（この値を太陽定

〔memo〕

136   2. 電気化学の応用

数と呼び，人工衛星を用いて実測された値である）。

　さらに，大気圏内の地表上のある地点に降り注ぐ太陽光の光量は，その地点の緯度，時間，気象などの状況により変化するので，大気圏通過空気量であるエアマス（AM）を用いて示す。地球に達する太陽の総放射エネルギーは，この値に地球の投影面積を乗じたものであり，地球は長径 6 378 km および短径 6 356 km の楕円体なので短径を用いて試算してみると 177×10^{12} kW（$= (1.4 \,\mathrm{kW/m^2}) \times \pi (6\,356 \times 10^3 \,\mathrm{m})^2$）となる。このようにして，地球に降り注いだ太陽エネルギーを 100% として，地球上でどのように失われているかを試算すると，地球上で受ける太陽の放射エネルギーと地球の保有エネルギーの関係より，地球に降り注いだ太陽エネルギー 100% のうち 30% 程度（52×10^{12} kW）が光として再び宇宙に反射され，残りの 70%（125×10^{12} kW）は地球上で吸収される。さらにこのうちの 47% 程度（85×10^{12} kW）が地表で熱となって気温を保ち，残りの 23% 程度（40×10^{12} kW）が海水や氷の中に蓄積され，水の蒸発などに使われる。

　この太陽光自体（直接的形態の太陽エネルギー）と太陽光を起源とするさまざまな自然現象（間接的形態の太陽エネルギー）を総じて太陽エネルギーと呼んでいる。後者の間接的形態の太陽エネルギーとして，水力，風力，波力などが現れる[†]。これらのエネルギーも間接的形態の太陽エネルギーであるが，地球に降り注がれてきた太陽エネルギー 100% のうち 0.2% 程度（1 秒当りにして 0.37×10^{12} kW）にしかならないのである。

　また，地球上の動植物の育成などの基礎の一つとなる生体系での光

[†]　水力は太陽が海水や陸水を温め，蒸発，凝結した雨が高地に降ることにより（位置）エネルギーとして現れたものである。風力は太陽によって温められた空気が膨張して低気圧に，それ以外が高気圧になり，高気圧から低気圧に空気が流れ（風），それが（運動）エネルギーとなって現れたものである。また，波力はこの流れ（風）が波や対流を発生させて，それが（運動）エネルギーや（位置）エネルギーとなって現れたものである。

〔memo〕

2.8 光 電 気 化 学　　137

合成も太陽光により実現され，バイオマスによるエネルギーとなって現れる。このようなエネルギーも間接的形態の太陽エネルギーであり，100％のうちの0.02％程度（400×10^8 kW）となる。太陽エネルギー全体から見ればわずかなエネルギーであるが，これこそ地球上の動植物の生命維持にとって必須であり，生態系の循環サイクルであるエコロジーサイクルと地球環境の維持に大切な役割を果たすエネルギーなのである。また，地球上で吸収される太陽エネルギー（直接的に地表に到達する太陽エネルギー）は90 000 TW程度となり，人類が消費しているエネルギー総量の約5 000倍，風力の60倍，バイオマスの20倍程度となる。現実の利用可能量は資源量よりも小さいものとなるが，直接的に地表に到達する太陽エネルギーは5倍，風力でも1/2程度と，大きな可能性を秘めている。このような観点からも，太陽エネルギーが地球において持続可能・再生可能・クリーンな新エネルギーであることがわかる。

2.8.3　太 陽 電 池

太陽電池は，一般の化学電池である一次・二次電池のように電力を蓄えるのではなく，光起電力効果により受光した太陽光を電力に変換して出力する電池，すなわちエネルギー変換デバイスである。太陽電池には，シリコン系太陽電池，化合物半導体太陽電池，有機化合物系太陽電池などがある。さらに，太陽電池（セル）を複数枚，直・並列に接続したパネル状の製品を太陽電池パネルまたは太陽電池モジュールといい，太陽電池モジュールをさらに複数，直・並列に接続して必要な電力が得られるように設置したものを太陽電池アレイという。太陽電池の特徴をまとめると，長所として

① 　直流の光発電装置であること

② 　エネルギー源が太陽光であるので無尽蔵であること

③ 　環境を害する排出物を出さないこと

138   2. 電気化学の応用

〔memo〕　④　機械的な可動部分がないので騒音，雑音を出さないこと

④　寿命が長いこと

⑥　土地の多重利用が可能なこと

などがある。短所として

①　天候,時刻,季節や温度などによって出力が大きく変動すること

②　現状においては一般電力よりも単価が高いこと

③　面積当りの出力が小さく，エネルギー変換効率が低いこと

などがある。総合的には，比較的長所の多い発電装置である。

2.9　電気化学分析

> 本節では，電気分析化学について解説し，それに関連するイオンセンサー，活性酸素センサー，バイオセンサーなどについて説明を加える。

2.9.1　電気化学分析とは

電気化学分析（electroaralytical chemistry）には，一次元分析として電位差分析，電圧電流分析，電量分析，電導度分析，電気泳動分析などがあるが，詳細は 2.2 節「電気化学測定法」で述べているので，ここでは一次元分析で電気化学分析の一つであるセンサーおよび二次元分析について述べる。センサーの項では，イオンセンサー（pH センサー（平衡電位センサー），活性酸素センサー，バイオセンサーについて述べる。二次元分析の項では，電位，電圧，電流密度などの二次元分析の概要とその最新の一例である走査振動電極法について述べる。

2.9.2 イオンセンサー

〔memo〕

イオンセンサー（ion sensor）は，一般的に

「参照電極／測定液／イオン選択性膜／／内部電解液／内部電極」

という構成になっている。イオン選択性膜には対象とするイオンのみ
が選択的に透過できる膜を用いる。対象とするイオンが透過すること
で選択性膜の両側に発生する膜電位が，両電極間で発生する電位差よ
りも大きい場合，参照電極と内部電極間の電位差の関係式から，内部
電極のイオン濃度が一定ならば，膜電位を測定することによって測定
液のイオン濃度を決定することができる。イオンセンサーには，水素
イオンセンサー（pH 電極さらには pH メーター），塩化物イオンセン
サー，固体電解質ガスセンサーなどがある。

2.9.3 活性酸素センサー

活性酸素センサーは，不安定で短寿命である活性酸素を測定できる
センサーである[22]。生体内において *in situ* で活性酸素を検出したり，
さらには定量もできる電気化学的な活性酸素センサーがバイオミメ
ティックアプローチによって創製されている。

具体的には，シトクロム c やスーパオキシドジスムターゼ（SOD）
の活性中心に対応する鉄ポルフィリンに導電性高分子の単量体である
チオフェン基を有するミミックス（模倣体）を新規に分子設計・合成
し，その導電性重合膜を電極触媒として用い，活性酸素の酸化電流を
計測することを原理としている。

このセンサーは全固体型のセンサーなので，カテーテル状やニード
ル状に成形でき，生体内に留置した状態で継続的に活性酸素を計測す
ることができる[†]。また，電極触媒である鉄ポルフィリンやその導電

[†] 定常状態法による活性酸素計測原理の正当性，SOD などを用いた中和試験による活性
酸素計測の正当性，従来のシトクロム法，ストップトフロー法，発光法などとの相関
性，生体内活性酸素濃度に対応する定量性などが実証されている。

〔memo〕

性重合膜の改良，電気化学的な測定法の検討などにより，さらなる高感度化や選択性向上が図られている。現在，このセンサーを用いて，生体内での各種虚血再かん流モデル，炎症モデル，排卵モデルなどにおける活性酸素の生体との病理作用的・生理作用的な関係を明らかにする検討などが行われている[23]。

2.9.4 バイオセンサー

バイオセンサー（biosensor）とは，特定物質を選択的に計測することができるセンサーであり，生体物質である酵素系，免疫系，味覚系などがある。

酵素センサーには，酵素のみを用いた一般的な酵素センサーのほかに，メディエーター型酵素センサー，プロモーター修飾酵素センサーなどがある。また免疫センサーには，非標識方式および標識方式がある。さらに，標識方式の免疫センサーには，競争方式とサンドイッチ方式の2種類がある。

例えば，通常のグルコースセンサーは，酵素のみを用いた一般的な酵素センサーであるが，① 測定値が溶存酸素に依存すること，② 電極電位が比較的高いのでアスコルビン酸，尿酸なども一緒に検出して正当値が得られないことなどの欠点がある。

2.9.5 電位，電圧，電流密度などの二次元分析

電気化学の二次元分析として，電位，電圧，電流密度などのパラメーターを二次元分析する方法が各種検討されている。ここでは，走査振動電極（SVET）法による防食塗膜の局部腐食の解析例について紹介する[22]~[25]。

SVET法は，電気化学反応により生じた溶液中の電位勾配を，電極を振動させることで測定する方法である。試料表面の電流密度 i はこの電位勾配に比例するため，SVET法の測定結果から電流密度 i を導

出することができる。また，この測定は迅速であるため，電流密度を経時的にモニターすることができ，塗膜劣化評価に有効な方法といえる。

なお，SVET法による測定結果と電気化学的インピーダンス（EIS）法により測定した塗膜抵抗の値には良い相関関係がある。

2.10　エネルギー変換デバイス

本節では，まずエネルギー変換デバイスについて説明し，それに関連する一次電池，二次電池，燃料電池などについて述べる。

2.10.1　エネルギー変換デバイスとは

エネルギーは熱や電気などさまざまな形態をとるが，**エネルギー変換デバイス**（energy conversion device）とは，それらのエネルギーをある形態から別の形態へと変換する装置のことである。電気化学に関連するエネルギー変換デバイスとしては，化学反応に基づくエネルギーを電気エネルギーの形で取り出す一次電池，二次電池，燃料電池などがある。一次電池は使い切りの電池，二次電池は容量がなくなっても充電することにより再使用できる電池，燃料電池は外部から反応物質である水素などと酸素をあたかも燃料のように連続的に供給して発電する一種の直流発電機のような電池である。次項以降で，これらについて説明する。

2.10.2　一　次　電　池

一次電池（primary battery）には，マンガン乾電池（円筒型など），アルカリ乾電池（アルカリマンガン乾電池，円筒型など），アルカリボタン電池（アルカリマンガンボタン電池，ボタン型），酸化銀電池

[memo]

142　　2. 電 気 化 学 の 応 用

（ボタン型），空気電池（空気亜鉛電池，ボタン型），リチウム電池（コイン型，円筒型など）などがあり，日常汎用され，用途に応じて使い分けられている。公称電圧は従来のものは1.5 V程度であるが，リチウム電池は3.0～3.6 V程度である。安価で，弱電流のものが多く，間欠・連続放電などが可能である。

2.10.3　二　次　電　池

　二次電池（secondary battery）には，鉛二次電池（角型），ニッケル・カドミウム二次電池（角型，円筒型など），ニッケル・水素二次電池（角型，円筒型など），リチウムイオン電池（角型，円筒型，シート型など）などがある。これらは日常汎用され，用途に応じて使い分けられている。公称電圧は鉛二次電池で2 V程度，ニッケル・カドミウム二次電池およびニッケル・水素二次電池で1.2 V程度であり，比較的安価である。また，リチウムイオン電池で3.6 V程度であり，エネルギー密度が高く，小型（スマートフォン，パソコン用）から大型（電気自動車用）まで用いられている。

2.10.4　燃　料　電　池

　燃料電池（fuel cell）は，「化学電池」の一種で，2.10.2項の一次電池，2.10.3項の二次電池などと同じ原理だが，電極反応物（活物質）の使用法，供給法などに違いがある。

　一次電池，二次電池などの化学電池では，いずれも電極反応物（活物質）は電池内部に充填されており，外部と出入りはない。例えば，一次電池では放電に伴って電極反応物（活物質）の消耗，ひいては消失してしまうため，使い切りの電池である。また，二次電池では放電に伴って電極反応物（活物質）の消耗，消失が生じるが，外部電源から充電を行うことによって再使用できる状態に戻すことができ，この繰返しにより長期使用が可能となる。

2.10 エネルギー変換デバイス 143

〔memo〕

しかしながら燃料電池では，外部から絶えず水素などの燃料と酸素を含む空気の電極反応物（活物質）を供給して電気化学反応させることで連続的でかつ安定に電気エネルギーを取り出している。したがって，電池というよりも発電装置（または，発電システム）と考えるべきである。

燃料電池の原理を水素-酸素燃料電池で説明すると，負極（燃料極）・正極（空気極）の材料：白金触媒付多孔性カーボン〔Pt（Cat）-C〕，負極（燃料極）反応物（活物質）：水素（H_2），正極（空気極）反応物（活物質）：酸素（O_2），電解質：硫酸（H_2SO_4）などの酸性水溶液（H^+）などにより構成される。その電池反応と電池表記は式（2.64）〜（2.67）のようになる。

$$\text{負極（燃料極）：}\quad H_2 = 2H^+ + 2e \tag{2.64}$$

$$\text{正極（空気極）：}\quad \frac{1}{2} O_2 + 2H^+ + 2e = H_2O \tag{2.65}$$

$$\text{電　池}\qquad：\quad \frac{1}{2} O_2 + H_2 = H_2O \tag{2.66}$$

$$\text{表　記}\qquad：\quad (-)Pt(Cat) - C, \ H_2 | H^+ | O_2, \ Pt(Cat)$$
$$-C(+) \tag{2.67}$$

また，ここで硫酸含有水溶液中での水の電気分解の電極反応，電解反応などを式（2.68）〜（2.70）に示す。

$$\text{陰極（負極，カソード）：}\quad 2H^+ + 2e \longrightarrow H_2 \tag{2.68}$$

$$\text{陽極（正極，アノード）：}\quad H_2O \longrightarrow \frac{1}{2} O_2 + 2H^+ + 2e \tag{2.69}$$

$$\text{電　解}\qquad：\quad H_2O \longrightarrow \frac{1}{2} O_2 + H_2 \tag{2.70}$$

式（2.64）〜（2.66）と式（2.68）〜（2.70）をよく見比べてみると，燃料電池は，昔，小・中学校で習った水（H_2O）の電気分解の逆の原理だとわかる。すなわち，水の電気分解は水に外部から電気を通して水素と酸素に分解するが，燃料電池はその逆で水素と酸素を電気

144   2. 電気化学の応用

〔memo〕　化学反応させて電気を作るのである。また，燃料電池の電極（固体）には水素または酸素（気体）が供給され，電解質（液体）に接触して初めて電気化学反応が生じ，最終的に電気エネルギーを生成する。そのため，反応を持続させるにはこの電極（固体），水素または酸素（気体）および電解質（液体）が共存しなければならない。このため，電極には，ガス拡散電極というサブミクロンレベルの多孔質な材料の電極を用い，つねに気相–液相–固相の３相からなる反応帯域（三相帯）または反応界面（三相界面）を維持しなければならないのである。このような，微細な電極の設計も非常に重要となる。

　このような燃料電池に見られる発電装置（または，発電システム）には，従来のものに比べて，つぎの① ～ ⑧のような特徴がある。

① 窒素酸化物（NO_x），硫黄酸化物（SO_x）などの大気汚染物質，二酸化炭素（CO_2）のような地球温暖化物質，原子力廃棄物のような非安全物質等の排出が少なく地球環境にやさしいこと

② 騒音などが少なく地球環境に配慮していること

③ 発電効率が高くエネルギーが有効利用できること

④ 電気エネルギーと熱エネルギーを同時に使用できるコージェネレーションシステムが構成可能であること

⑤ 水素，天然ガス，石炭，ガソリン，ナフサ，メタノール（CH_3OH）などといった多様な燃料が使用できること

⑥ 小規模発電システムでも大規模なものに匹敵する各種効率が得られること

⑦ 発電システムの使用機器などにおいて部分負荷においても全負荷時と同様の発電効率が得られること

⑧ モジュールで構成されているので建設期間が短縮でき，建設場所の制限も少ないこと

などが挙げられる。

〔memo〕

2.11　有機化学と高分子化学における電気化学

　本節では，有機化学と高分子化学における電気化学との関係について説明し，それらに関連する有機化学，高分子化学，電気化学法，電解合成，電解酸化，電解還元，電解重合，電解重合膜などについて説明を加える。

2.11.1　有機電解合成および高分子電解重合

　有機電気化学（organic-electrochemistry）と**高分子電気化学**（macromolecular-electrochemistry）の基本となる有機化合物と高分子化合物を対象とした選択的電解合成および重合（有機電解合成および高分子電解重合）を解説する。

　有機電解合成および高分子電解重合は基礎研究から工業的製造に至るまで，多くの段階において，新しい理論や合成プロセスが数多く報告されている。そしてさらに，多くの分野を取り入れた複合領域を形成したこの学術的あるいは工業的な発展は多くの人たちにとって魅力あるものとなっている。

　本節ではその中でも特に技術の向上が見られた例として，固体，液体および気体に続く「第4の環境」と呼ばれる「超臨界環境」を比較的穏やかな条件で形成できる**超臨界二酸化炭素**（supercritical carbon dioxide：$scCO_2$）で実現して行う合成・重合法の研究例を次項以降で紹介する。本手法は，従来の固体，液体および気体中での合成・重合法よりもグリーンケミストリーとして有望であり，高性能な材料の創製が可能である点でも注目すべき技術である。

〔memo〕

146   2. 電 気 化 学 の 応 用

2.11.2　scCO₂ 環境における合成

　scCO₂ 環境におけるポリ（3,4-エチレンジオキシチオフェン）
（PEDOT）ナノ粒子の合成とその利用について述べる。

　超臨界流体（supercritical fluid）とは，臨界点以上の温度・圧力下
においた物質の状態のことで，気体と液体の区別がつかない状態であ
り，気体の拡散性と液体の溶解性を併せ持つ特徴を有する。特に，
scCO₂ は，臨界温度 304.1 K（＝40.1℃）および臨界圧力 7.30 MPa
（＝72.8 atm）と他に比べて比較的温和な環境で超臨界状態となり，
さまざまな物質をよく溶解するので，合成，抽出，洗浄などの溶媒と
して用いられる。

　また，目的物を溶解した scCO₂ を臨界点以下にすると，CO₂ は気化
するので後には溶質のみが残り，気化した CO₂ は回収して再利用で
きる。近年，scCO₂ は，環境問題に対する関心の高まりを受けて持続
可能な（サステナブルな）社会を目指すグリーンプロセスの一つとし
て注目されている。

2.11.3　scCO₂ 環境で得られる導電性高分子

　導電性高分子（conductive polymer）はエレクトロニクスなどの多
くの分野において応用が期待されている。その中でポリチオフェン，
ポリピロール，ポリアニリンやその誘導体は高い電気伝導度と安定性
を有する導電性高分子として多くの研究がなされている。しかし，一
般的に発達した共役二重結合のため，溶媒に対する溶解性が乏しく加
工性に欠けるなどの欠点もある。そこで導電性高分子に加工性を付与
する検討が多くなされている。その手法として，上記に示すように物
質移動速度の大きい scCO₂ 環境で酸化剤を用いて導電性高分子材料
を合成する酸化重合法，電気化学的に基材表面に導電性高分子薄膜を
重合する電解重合法，それらを併用して導電性高分子薄膜を作製する
方法などが検討されている。

2.11 有機化学と高分子化学における電気化学   147

〔memo〕

電解重合法で作製した薄膜においては優れた結果を残しているが，生産性，基板の制限などの課題も多いのが現状である。近年，ナノ粒子，ナノチューブ，ナノファイバーなどの制御されたナノ構造を有する導電性高分子を合成し，溶媒に対する溶解性や分散性を向上させる方法が多く検討されている。特にナノ粒子は界面活性剤を用いた乳化重合法などにより合成できるが，この際に反応溶媒による環境負荷，界面活性剤の残留などが問題となる。この問題に対して，scCO₂を溶媒として用いた化学酸化重合法により 3,4-エチレンジオキシチオフェン（EDOT），ピロール，3-ヘプチルピロールなどを重合し，これらの導電性高分子を得る方法が検討されている。

2.11.4 得られた導電性高分子ナノ粒子

導電性高分子薄膜の作製には

① 直接基板上に薄膜形成する方法

② 導電性高分子の可溶性や分散性を向上させて溶液・分散液を調製してウェットプロセスにより基板上に薄膜形成する方法

などがある。特に ② においてバーコート法，スピンコート法などが広く用いられているが，インクジェット法などの印刷技術を応用した方法も大きく発展している。

インクジェット法はインク吐出精度が高く，原料ロスが少ないことなどから工業分野における薄膜形成方法以外に，新しいパターニング法としても広く注目されており，この印刷技術を利用した電子材料・デバイス作製分野であるプリンタブルエレクトロニクスは今後の市場の拡大が期待されている。ここでは，これらの優位な点を取り入れ，環境調和型の代替溶媒として知られる scCO₂ を溶媒として用いた化学酸化重合法によりポリ（3,4-エチレンジオキシチオフェン）（PEDOT）のナノ粒子を合成し，そのナノ粒子を含有するインクを使用してインクジェット印刷法により薄膜化している。

[memo] scCO₂環境におけるPEDOTナノ粒子の合成は，つぎに示すとおりである。scCO₂環境下での重合のため，高圧セルを有する重合装置を使用している。特に高圧セル内の相状態を観察するため，観察窓およびCCDカメラ付き重合セルも用いている。例えば，重合反応で使用する2倍モル量である0.10 mol/LのEDOTのscCO₂中での相状態（溶解状態）を**図2.45**に示した。図2.45（a）は常温・常圧条件下であり，EDOTが液体としてセル内に存在している。CO₂を導入して昇温することでsc状態になったのが図（b）および図（c）である。

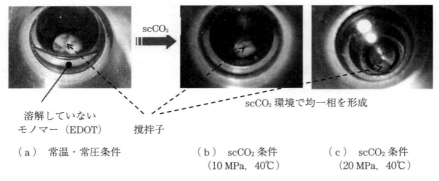

図2.45 セル内の相状態[26]

EDOTとCO₂の界面は観察されずにセル内が均一相を形成していることが確認でき，EDOTがscCO₂に可溶であって本溶媒がPEDOTナノ粒子調製の環境として利用可能であることが確認できる。さらにscCO₂中でEDOTなどの化学酸化重合を行うにあたり，scCO₂に可溶，反応性の高いなどの利点を有する超原子価ヨウ素化合物であるビストリフルオロアセトキシヨードベンゼン（BTI）および（ジアセトキシ）ヨードベンゼン（DAIB）を酸化剤として用いている。

PEDOTナノ粒子の合成条件の検討より，モノマー濃度0.05 mol/L，酸化剤濃度0.05 mol/L，反応の温度40°C，圧力20 MPaおよび時間60 minを最適条件とした。最適条件下の酸化重合反応で得られた

2.11 有機化学と高分子化学における電気化学

PEDOT の SEM（scanning electron microscope：走査型電子顕微鏡）観察および DLS（dynamic light scattering：動的光散乱法）測定の結果をそれぞれ**図 2.46**（a）および図（b）に示す。これらより scCO$_2$ を溶媒として用いた化学酸化重合法によって 100 nm 以下の導電性高分子ナノ粒子が合成できることが明らかとなった。

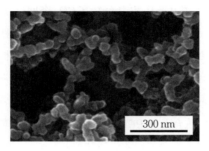

（a） SEM 観察

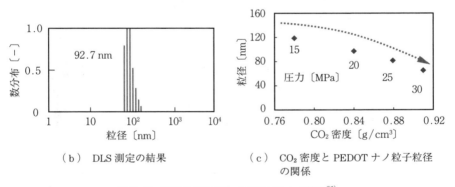

（b） DLS 測定の結果

（c） CO$_2$ 密度と PEDOT ナノ粒子粒径の関係

図 2.46 適条件で合成した PEDOT ナノ粒子[26]

一般に scCO$_2$ 中では物質移動速度が速いためにモノマーの拡散性が高く，モノマーが均一分散する。そして scCO$_2$ 環境において重合開始点で重合鎖が速やかに生長して比較的小さなナノオーダーの粒子が形成される。この後，反応時間が 60 min 程度で比較的短く制御されて，さらに未反応のモノマーやオリゴマーが存在して粒子の分散剤のようにも働いている。これらのため，粒子同士の凝集を防ぎ，重合

2. 電気化学の応用

[memo]

成長とともに共役二重結合が発達することで溶解性の低下が生じ，ナノオーダーの粒子として生成できると考えられている。

　$scCO_2$ を用いた実験ではさまざまな現象と CO_2 密度を関連づけて考察されている。そこで，CO_2 密度と相関性のある反応の圧力を変化させ，各圧力条件における PEDOT ナノ粒子径の関係を図（c）のように求めた。図より高圧すなわち高 CO_2 密度になるほど粒子径が減少していることが分かる。これは CO_2 密度が高密度であるほど，粒子成長が制御されているためであり，前述の重合機構およびナノ粒子生成機構を裏付けるものであると考えられる。さらに本反応系において圧力により粒子径の制御が可能であることも示された。

　$scCO_2$ 中で重合した PEDOT ナノ粒子の高収率化の検討として添加剤の導入も試みられている。添加剤としては従来から導電性高分子の重合反応の効率化，超原子価ヨウ素化合物の反応性の向上，$scCO_2$ に可溶等の**図 2.47**（a）に示す添加剤であるトリフルオロ酢酸（TFA）

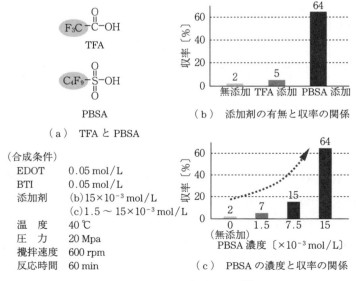

図 2.47　添加剤と収率の関係[26)]

とパーフルオロ-1-ブタンスルホン酸（PBSA）を検討した。図（b）に示すように添加剤の種類により収率に違いが見られた。特に PBSA を用いた場合では収率が数 10 倍となった。これは TFA に比べて PBSA が重合反応に有利な酸性条件に設定できるため，PBSA が強く求電子的に作用して BTI の活性化・重合開始反応の配位子脱離反応の促進化が生じたためなどによる。さらに PBSA の濃度依存性を検討したところ（図（c）），PEDOT の収率は PBSA の添加量の増加に伴い増大した。しかしながら，収率は向上したが PEDOT ナノ粒子の凝集も促進されたので，PBSA の最適濃度を 1.5×10^{-3} mol/L 程度と定めている。

2.11.5 得られた導電性高分子ナノ粒子含有薄膜

PEDOT ナノ粒子の利用として，本ナノ粒子を含有したインクを調製し，それを使用したインクジェット印刷により薄膜化することが検討されている（**図 2.48**）。本ナノ粒子を含有したインクの要件としては，高分散・高含有化，印刷時の吐出・保水安定化，薄膜の形成安定化などがある。

第 1 に高濃度の PEDOT ナノ粒子を高分散・高含有させかつ薄膜の形成安定化を得るため，水溶性高分子分散剤であるポリスチレンスル

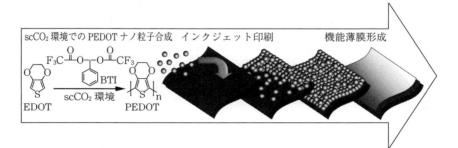

図 2.48 scCO₂ 環境での PEDOT ナノ粒子の合成とそのインクジェット印刷による薄膜形成[20]

〔memo〕ホン酸（PSS），ポリビニルスルホン酸（PVS）などを添加した。第2に印刷時の吐出安定化を得るためインクの表面張力制御に着目し，一般的なインクジェット用インクの表面張力 20 ～ 50 mN/m となるように水溶性インクの低表面張力剤であるアルコール類［エチルアルコール（EA），イソプロピルアルコール（IPA）］などを加えた。第3に印刷時の保水安定化を促すために高沸点溶媒である N-メチル-2-ピロリドン（NMP），ジエチレングリコール（DEG），ジメチルスルホオキシド（DMSO），低分子量ポリエチレングリコール（L-PEG）などを添加した。

このような成分調整インク[†]は図2.49に示すように，数日間の放置においても粒子の沈降などは見られずに安定である。さらに成分調整インクによるインクジェット印刷装置からの吐出についての検討より，吐出時の液滴速度が 5.6 m/s 程度，吐出時の形状も良好なものであった。

さらに，本成分調整インクにより印刷した薄膜の SEM 観察では，成分無調整インク（PEDOT ナノ粒子分散エタノール溶液に比べ，本ナノ粒子は基板上に均質に分布して間隙が少ない効果的な薄膜である。

つぎに，図2.50にインクジェット印刷装置による成分調整インクの打出し試験を示す。フォントサイズ 8 pt の■の印刷パターンがかすれずにすべて（1 622 点）印字されている。この試験を数回行ったが，インク詰まり，印字かすれなどは確認されなかった。

また図（b）は 1 ～ 10 回印刷までのパターンを示しており，印刷

---

†　一例として
#1：PEDOT 0.5，PSS 0.5 ～ 1.0，H_2O 40.0 ～ 40.5，IPA 53.1，NMP 5.0，Triton X-100 0.4，
#2：PEDOT 0.5，PSS 1.0，H_2O 40.0，IPA 53.5，DMSO 5.0
#3：PEDOT 0.5，PSS 1.0，H_2O 70.0，EA 23.5，PEG 5.0
などがある（数値は wt%）。

2.11 有機化学と高分子化学における電気化学　153

[memo]

（a）成分調整した PEDOT ナノ粒子含有インク（成分調整インク）

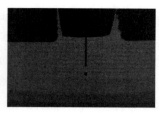

（b）インクジェット印刷装置ヘッドからの吐出状態

（c）成分無調整インク（PEDOT ナノ粒子分散エタノール溶液）により印刷した薄膜の SEM 観察

（d）成分調整インクにより印刷した薄膜の SEM 観察

5 μm

図 2.49 成分調整インク[20]

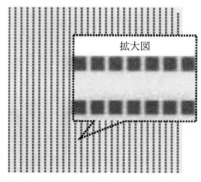

（a）成分調整インクを使用したインクジェット印刷によるパターン（インクジェット印刷回数 5 回）

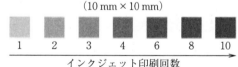

（b）インクジェット印刷回数とパターン色度の関係

（c）パターン透明度の一例

図 2.50 インクジェット印刷装置による成分調整インクの打出し試験[15]

154   2. 電気化学の応用

[memo]   回数を増やすことによる重ね塗りが可能であることが示されている。さらに図（c）のようにOHPシートの下に3色（青，赤および緑色）のカラーラインを印刷した用紙を重ねて示しており，本インクはOHPシート上にも印刷可能であり，得られる薄膜は透過性をも有することが確認された。また本薄膜の導電率は$10^{-6} \sim 10^{-3}\,$S/cm程度となり，有機帯電防止材などへの応用の可能性が示された。いずれにせよ，scCO$_2$溶媒中でのPEDOTナノ粒子を合成でき，インクジェット印刷法によりその薄膜化を行うことができた。

現在，環境に優しく，機能性を付与した材料やその技術の創製が，広範な領域の重畳により展開されている。

演 習 問 題

【演習 2.1】 つぎの語句の意味を簡潔に説明しなさい。
（1） 電気化学測定法　 （2） 腐食　 （3） 工業電解プロセス
（4） 表面処理と表面機能化　 （5） エレクトロニクス
（6） バイオエレクトロケミストリー　 （7） 光電気化学
（8） 電気分析化学　 （9） エネルギー変換デバイス　 （10） 有機電気化学
（11） 高分子電気化学

【演習 2.2】 【演習 2.1】で示した語句（1）～（11）を英訳しなさい。
（1） 電気化学測定法　 （2） 腐食　 （3） 工業電解プロセス
（4） 表面処理と表面機能化　 （5） エレクトロニクス
（6） バイオエレクトロケミストリー　 （7） 光電気化学
（8） 電気分析化学　 （9） エネルギー変換デバイス　 （10） 有機電気化学
（11） 高分子電気化学

【演習 2.3】 【演習 2.1】で示した語句（1）～（11）に関係する語句を選びなさい。
（1） ボルタンメトリー　 （2） 活性態と不動態　 （3） 水溶液電解
（4） 表面の装飾　 （5） 半導体デバイス　 （6） サイボーグテクノロジー
（7） 太陽電池　 （8） 電気化学センサー　 （9） 電気化学キャパシター

(10)　電解合成　　(11)　電解重合

【演習 2.4】　1 kW/h の電力が塩化ナトリウム（NaCl）水溶液から水酸化ナトリウム（NaOH）70 g を得ると仮定した場合，理論上できる量の何％に当たるか。なお，電圧を 5 V とする。

【演習 2.5】　つぎの燃料電池に関する文章の空欄（a）～（e）に適切な語句を入れなさい。

「固体高分子形燃料電池（PEFC）系は，アノードとカソードの間にプロトン伝導体である【　（a）　】を使用する燃料電池である。アノードおよびカソードでそれぞれ式（1）および式（2）に示す反応が起こり，電池全体で式（3）の反応となる（式中の (g), (l) は，気体および液体であることを示す）。

アノード：　　　　$H_2 \longrightarrow 2H^+ + 2e$　　　　　　　　　　　　　　　（1）

カソード：　　　$\dfrac{1}{2}$【　（b）　】$+ 2H^+ + 2e \longrightarrow H_2O$　　　　　　　（2）

電池反応：　　　$H_2(g) + \dfrac{1}{2}$【　（b）　】$\longrightarrow H_2O(l)$　　　　　　（3）

　その結果，起電力 U は理論的には式（4）に基づいて【　（c）　】（25℃）程度となる。

$$[\Delta G^0 = -237.3 \text{ kJ/mol},\ \Delta H^0 = -286.0 \text{ kJ/mol}]$$

起電力 $E：E = -\dfrac{\Delta G^0}{zF} = $【　（c）　】　　　　　　　　　　　（4）

　しかしながら，実際に電池を作動すると不可逆的な現象がつねに伴うために【　（d）　】は最大値が得られず，それに連動する U も最大値よりも減少する。その原因は分極などであり，特に【　（e）　】と電解質の界面での電荷移動の遅れに由来し，電極または担持する電極触媒の表面積，活性などが低いことによる。このためカソードでは粒径【　（f）　】程度の白金系触媒ナノ粒子が粒径 20～40 nm 程度のカーボンナノ粒子に高分散担持され，このカーボンナノ粒子が連なって多孔構造を形成することにより高い触媒活性を発現する。」

引用・参考文献

〔1章〕
1) 高橋正雄，増子昇：工業電解の化学，p.159，表 24-1，アグネ（1979）
2) 宮崎正蔵：物理化学演習，槙書店（1977）
3) 小野宗三郎，長谷川繁夫，八木三郎：物理化学演習 改訂版（共立全書 32），共立出版（1978）
4) 小野宗三郎，長谷川繁夫，八木三郎：詳解 物理化学演習，共立出版（1980）
5) 岩橋槇夫，加藤 直，佐々木幸夫，日高久夫：新しい物理化学演習，産業図書（1997）
6) D. W. Ball 著，田中一義，阿竹 徹 監訳：ボール 物理化学，化学同人（2004）
7) 吉沢四郎，渡辺信淳：電気化学 I 改訂版（共立全書 158），共立出版（1974）
8) 吉沢四郎，渡辺信淳：電気化学 II 改訂版（共立全書 167），共立出版（1974）
9) 吉沢四郎，中西浩一郎，竹原善一郎，山川宏二，伊藤靖彦：電気化学 III（共立全書 204），共立出版（1974）
10) 近藤 保，大島広行，村松延弘，牧野公子：生物物理化学，三共出版（1992）
11) 逢坂哲彌，小山 昇：電気化学法 ―応用測定マニュアル―，講談社（1989）

〔2章〕
1) A. J. Bard and L. R. Faulkner：Electrochemical Methods –Fundamentals and Applications, 2nd Edition, John Wiley & Sons, Inc（2001）
2) 電気化学会 編：電気化学便覧 第 6 版，丸善出版（2013）
3) 電気化学会 編：電気化学測定マニュアル ―基礎編―，丸善出版（2002）
4) 電気化学会 編：電気化学測定マニュアル ―実践編―，丸善出版（2002）
5) 藤島 昭，相澤益男，井上 徹：電気化学測定法（上），技報堂出版（1984）
6) 板垣昌幸：電気化学インピーダンス法 第 2 版，丸善出版（2011）
7) 腐食防食協会 編：材料環境学入門，丸善（1993）
8) 腐食防食協会 編：金属の腐食・防食 Q & A 電気化学入門編，丸善（2002）
9) 水流 徹：腐食の電気化学と測定法，丸善出版（2017）
10) 腐食防食協会 編：腐食・防食ハンドブック，丸善（2000）

引用・参考文献　　157

11) 松田好春, 岩倉千秋：電気化学概論（化学教科書シリーズ）, 丸善（1994）

12) 馬場宣良, 山名昌男, 岡本博司, 小野幸子：エレクトロケミストリー ―材料・環境・生物を学ぶために―, 米田出版（1999）

13) 林　辰雄, 藤本和弘, 関根　功, 湯浅　真, 若狭　勉：特開平 05-263285

14) 関根　功, 坂本宗陽, 塚越秀紀, 湯浅　真, 林　辰雄, 藤本和弘：電気化学及び工業物理化学, **62**, p.223（1994）

15) 美浦　隆, 佐藤祐一, 神谷信行, 奥山　優, 縄舟秀美, 湯浅　真：電気化学の基礎と応用（応用化学シリーズ 7）, 朝倉出版（2004）

16) 長　哲郎, 小林長夫, 生越久靖ら：ポルフィリンの化学（共立ライブラリー20）, p.158, 共立出版（1982）

17) J. A. Cowan：Inorganic Biochemistry, An Introduction, p.186, VCH Publishers（1993）

18) D. Freifelder 著, 野田晴彦 訳：生物科学研究法―物理的手法を中心に―, p.193, 東京化学同人（1979）

19) 金藤敬一, 金子昌充, 高嶋授：応用物理, **65**, 8, p.803 ～ 810（1996）

20) 金藤敬一：表面技術, **51**（増刊号）, p.71（2000）

21) 松田好晴, 岩倉千秋：電気化学概論（化学教科書シリーズ）, p.214, 丸善（1994）

22) M. Yuasa, M. Ichikawa, K. Moriya, I. Sekine, H. Fukumoto, H. Mizuki, T. Murakami：Denki Kagaku, **57**, p.1061（1989）

23) I. Sekine, M. Yuassa, K. Tanaka, M. Fuke, I. Silao：Shikizai, **65**, p.684（1992）

24) 関根　功, 湯浅　真：色材, **66**, p.28（1993）

25) 関根　功, 戸島庸仁, 湯浅　真：色材, **66**, p.724（1993）

26) 渕上寿雄：有機電解合成の新展開, シーエムシー出版（2004）

27) 湯浅　真：PEDOT の材料物性とデバイス応用, 2 章 合成・重合法, 12 節 超臨界二酸化炭素（scCO$_2$）環境における PEDOT ナノ粒子の合成とその利用, S&T 出版（2011）

演習問題解答例

1章

【演習 1.1】

（1）　電気分解：　化合物に電圧をかけることにより，陰極で還元反応および陽極で酸化反応を起こして化合物を化学分解する方法である。

（2）　電気伝導：　電流が流れるという現象であり，電場（電界）を印加された物質中の荷電粒子を加速することによる電荷の移動現象のことである。

（3）　可逆電池：　電池の起電力よりもわずかに大きい逆向きの電圧を加えると，放電時と逆向きの反応が生じて，充電が行われる電池のことである。鉛蓄電池などの二次電池は可逆電池である。

（4）　電極電位：　電極と電解質溶液とが接する場合，電極が溶液に対して持つ電位のことである。その値は水素電極などでつくった電池の起電力を測定して得る相対的な値を用いる。単極電位ともいう。

（5）　電極反応：　一対の電極を電解質溶液中に入れ，この電極間に電圧をかけたときに，電極－溶液の界面で進行する電気化学的な不均一系反応のことをいう。

【演習 1.2】

（1）　電気分解：　electrolysis

（2）　電気伝導：　electrical conduction

（3）　可逆電池：　reversible cell

（4）　電極電位：　electrode potential

（5）　電極反応：　electrode reaction

【演習 1.3】

（1）　ファラデーの法則：　ここでは，ファラデーの電気分解の法則のことで，電気分解において，流れた電気量と生成物質の質量に関する法則のことである。なお，第一法則と第二法則がある。

（2）　当量導電率：　当量導電度ともいい，電解質溶液の1グラム当量の導電率を表す量のことである。溶質1グラム当量を含む電解質溶液の体積と比電導度との積として示される。単位は cm^2/Ω。

（3）　起電力：　電流の駆動力，あるいは電流を生じさせる電位の差（電圧）のことである。単位はボルト（V）を用いる。ここでの起電力を生み出す原因は，化学反応によるもの（化学電池）である。

（4）　ネルンストの式：　電気化学において，電池の電極の電位 E を記述した式で，

化学ポテンシャルの考え方に基づいて導出される。特に，酸化体 Oxi と還元体 Red の間の電子授受平衡反応（Oxi + ze = Red）を考えた場合，$E = E^0 + (RT/zF)\ln(a_{Oxi}/a_{Red})$（$E^0$：標準電極電位，$R$：気体定数，$T$：絶対温度，$z$：移動電子数，$F$：ファラデー定数，$a_{Oxi}$ および a_{Red}：酸化側および還元側の活量）で表される式である。

（5） バトラー・ボルマーの式： バトラー・フォルマーまたはバトラー・ボルマーの式ともいい，電極反応における過電圧と電流密度の関係を表す式である。

【演習 1.4】

$$I = \frac{F \times W}{e \times t} = \frac{96\,485 \times 0.336}{16.8 \times 3\,600} \fallingdotseq 0.536 \quad \text{〔A〕}$$

【演習 1.5】

標準状態で 1 L の水素の質量は 2/22.4 g であるので

$$W = \frac{I \times t \times e}{96\,485}$$

を用いてつぎのような結果となる。

$$\frac{2}{22.4} = \frac{5 \times t \times 1}{96\,485} \quad \rightarrow \quad t \fallingdotseq 1\,723 \text{〔s〕} = 28\text{分}43\text{秒}$$

【例題 1.6】

$$W = \frac{I \times t \times e}{96\,485}$$

を用いて求めると，つぎのような結果となる。硫酸銅として含まれる銅は 2 価なので，化学当量は 63.57/2 ≒ 31.78 であることを考慮すると

$$0.596\,0 = \frac{60 \times 60 \times I \times 31.78}{96\,485}$$

$$I = \frac{96\,485 \times 0.596\,0}{60 \times 60 \times 31.78} \fallingdotseq 0.503 \quad \text{〔A〕}$$

【演習 1.7】

酸素およびヨウ素の化学等量は，それぞれ 16/2 = 8 および 126.9/1 = 126.9 であり，酸素 34 mL は 34/22\,400 × 32 ≒ 0.048\,6 g であるので，ファラデーの法則により

$$0.048\,6 \times \frac{126.9}{8} \fallingdotseq 0.771 \quad \text{〔g〕（遊離するヨウ素）}$$

となる。

【演習 1.8】

96\,485 C の電気量により，Ag は 107.88/1 = 107.88 g および Cu は 63.57/2 = 31.785 g 析出するので，これらを 1 g 析出するのに要する電気量は，Ag において 96\,485/107.88 ≒ 894 C および Cu において 96\,485/31.785 ≒ 3\,036 C となる。今回使

160   演 習 問 題 解 答 例

用する天秤の感度が 1 mg とすれば，Ag の場合は 0.894 C まで，および Cu の場合は
3.036 C まで正確に測り得ると考えることができる。

2章
【演習 2.1】
（1）　電気化学測定法：　電気化学という学問を基礎として，溶液中のイオンや残
　　　留物質を定量・定性分析する手法である。測定は電位差を測定する方法と電流
　　　を測定する方法の二つに大別され，電位差測定法，電気伝導度測定法，アンペ
　　　ロメトリー，ボルタンメトリー，交流インピーダンス法などに応用されている。
（2）　腐食：　金属の腐食現象は，電位の異なる 2 極の存在の下で発生するイオン
　　　溶出および電子の移動を伴う電気化学反応，すなわち電池作用である。なお，
　　　この腐食現象の防止と抑制が防食である。
（3）　工業電解プロセス：　工業レベルでの電解プロセスで，食塩電解に代表され
　　　る水溶液電解，アルミニウム製錬に代表される溶融塩電解などがある。
（4）　表面処理と表面機能化：　表面処理は，素材表面の性質を高めるために行わ
　　　れる処理法の一種である。硬さや耐摩耗性，潤滑性，耐食性，耐酸化性，耐熱
　　　性，断熱性，絶縁性，密着性，および装飾性や美観など，これらの性質のいく
　　　つかを向上させることを主要な目的として施される。つぎに，表面機能化は，
　　　材料技術の一分野であり，合金設計を頂点としてその傘下に加工，熱処理，溶
　　　接，鋳造などの材料プロセス技術群があり，その補助的技術群の一つである。
　　　しかしながら熱処理や研磨技術と同様に，金属母材の性能を極限までに高める
　　　重要な技術であるにもかかわらず，性能理論が確定していないため，その存在
　　　が極端な過小評価に陥る場合がある技術群でもある。
（5）　エレクトロニクス：　電子の性質を利用する技術の総称であり，日本語では
　　　電子工学の用語を当てる。広義には，真空内または固体内で電子が示す現象を
　　　直接利用する各種の電子部品（電子管，半導体，磁性体，誘電体などを用いた
　　　素子や部品）とそれに関連する技術，それらの部品を応用するシステムや機器
　　　（コンピューター，通信機器，テレビ，VTR など）とその技術をすべて含んでい
　　　る。狭義には，電子部品や素子およびそれに関する技術のみを指す。
（6）　バイオエレクトロケミストリー：　生命システムを電気化学的に見たり，操っ
　　　たり，利用したりする化学分野であり，ファジーなバイオ現象と理詰めな電気
　　　化学が融合した学問である。
（7）　光電気化学：　電気化学と光を組み合わせた手法および化学を指す。電気化
　　　学反応生成物を光学的手法で解析すること，半導体電極に代表される太陽光エ

演 習 問 題 解 答 例　　161

ネルギーを有効に利用することなどがある。

（8）　電気分析化学：　分析化学における電気化学を用いたものであり，測定物質
　　　が入っている電気化学セル中の電位または電流を測定することによって測定物
　　　質を電気化学的に調べる学問である。その分析法には，ポテンシオメトリー（電
　　　極電位の差を測定），クーロメトリー（セル電流の経時変化を測定），ボルタン
　　　メトリー（セルの電位を変化させたときのセル電流を測定），ポーラログラ
　　　フィー，アンペロメトリーなどがある。

（9）　エネルギー変換デバイス：　ある種のエネルギーを他種のエネルギーに変換
　　　する機器，装置，道具などのことであり，ここでは広義の電池のことを示して
　　　いる。

（10）　有機電気化学：　有機化合物を対象とした電気化学であり，その基礎原理，
　　　電解反応・合成，測定法，さらには有機エレクトロニクスなどを対象としてい
　　　る。

（11）　高分子電気化学：　高分子化合物を対象とした電気化学であり，その基礎原
　　　理，電解重合，測定法，さらには高分子エレクトロニクスなどを対象としてい
　　　る。

【演習 2.2】
（1）　電気化学測定法：　electrochemical measuring method
（2）　腐食：　corrosion
（3）　工業電解プロセス：　industrial electrolytic process
（4）　表面処理と表面機能化：　surface treatment and surface functionalization ある
　　　いは surface treatment and functionalization
（5）　エレクトロニクス：　electronics
（6）　バイオエレクトロケミストリー：　bio-electrochemistry
（7）　光電気化学：　photo-electrochemistry
（8）　電気分析化学：　electroanalytical chemistry
（9）　エネルギー変換デバイス：　energy conversion devices
（10）　有機電気化学：　organic electrochemistry
（11）　高分子電気化学：　macromolecular electrochemistry

【演習 2.3】
（1）　ボルタンメトリー　→　（1）　電気化学測定法
（2）　活性態と不動態　→　（2）　腐食

162　演 習 問 題 解 答 例

（3）　水溶液電解　→　（3）　工業電解プロセス，
（4）　表面処理と表面機能化　→　（4）　表面の装飾
（5）　半導体デバイス　→　（5）　エレクトロニクス
（6）　サイボーグテクノロジー　→　（6）　バイオエレクトロケミストリー
（7）　太陽電池　→　（7）　光電気化学
（8）　電気化学センサー　→　（8）　電気分析化学
（9）　電気化学キャパシター　→　（9）　エネルギー変換デバイス
（10）　電解合成　→　（10）　有機電気化学
（11）　電解重合　→　（11）　高分子電気化学

　以下，参考のために関連する用語を示す。
・電気化学測定法：　電解液，作用極，対極，参照極，電気化学セル，さまざまな
　　電気化学測定，アンペロメトリー，ポテンシオメトリー，ボルタンメトリー，
　　非定常解析法，電気化学インピーダンス法　など
・腐食：　腐食の平衡論，腐食の速度論，活性態と不動態　など
・工業電解プロセス：　工業電解とエネルギー変換，水溶液電解，工業電解プロセ
　　ス　など
・表面処理と機能化：　目的と用途，表面の装飾，表面の耐食・耐摩耗性化，表面
　　の機能化　など
・エレクトロニクスと電気化学：　半導体デバイス，電子部品材料，磁気記録材料，
　　表示材料　など
・バイオエレクトロケミストリー：　電気化学と生物の関わり，タンパク質の電気
　　化学，生体関連物質の電気化学，生体機能と電気化学，生物電気化学計測，サ
　　イボーグテクノロジー，生物電池　など
・光電気化学：　半導体による光の吸収，光電圧，光電流，太陽電池　など
・電気分析化学：　電気化学分析システム，pH 電極，電気化学センサー，バイオセ
　　ンサー　など
・エネルギー変換デバイス：　一次電池，二次電池，電気化学キャパシター，燃料
　　電池　など
・有機化学と電気化学：　有機化学，高分子化学，電気化学法，電解合成，電解酸
　　化，電解還元　など
・高分子化学と電気化学：　電解重合，電解重合膜　など

演　習　問　題　解　答　例　　　*163*

【演習 2.4】

問題で使用したときの電気量は $1\,000/5\times60\times60=720\,000$〔C〕となるので，理論上できる量は $720\,000/96\,485\fallingdotseq7.46$（当量）となり，実際にできた NaOH は 70 g であるので，$(70/40)/7.46\times100\fallingdotseq23.5$〔%〕と求まる。

【演習 2.5】

固体高分子形燃料電池（PEFC）系は，アノードとカソードの間にプロトン伝導体である【（a）高分子電解質膜】を使用する燃料電池である。アノードおよびカソードでそれぞれ式（1）および式（2）に示す反応が起こって電池全体で式（3）の反応となる（式中の (g)，(l) は，気体および液体であることを示す）。

アノード：　　　　$H_2 \longrightarrow 2H^+ + 2e$　　　　　　　　　　　　　（1）

カソード：　　$\dfrac{1}{2}$【(b) O_2】$+2H^+ +2e \longrightarrow H_2O$　　　　　（2）

電池反応：　　$H_2(g)+\dfrac{1}{2}$【(b) O_2】$\longrightarrow H_2O(l)$　　　　　　（3）

その結果，起電力 U は理論的には式（4）に基づいて【（c）1.2 V】（25℃）程度となる。

$$[\Delta G^0 = -237.3\,\text{kJ/mol},\ \Delta H^0 = -286.0\,\text{kJ/mol}]$$

起電力 E：$E = -\dfrac{\Delta G^0}{zF}$

$$= \text{【(c)}\ -\dfrac{(-237.3)\times10^3}{2\times96\,485}\fallingdotseq1.229\,7\ \text{〔V〕】}\qquad（4）$$

しかしながら，実際に電池を作動すると不可逆的な現象がつねに伴うために【（d）ギブスの自由エネルギー変化（ΔG）】は最大値が得られず，それに連動する U も最大値よりも減少する。その原因は分極などであり，特に【（e）活性化分極】と電解質の界面での電荷移動の遅れに由来し，電極または担持する電極触媒の表面積，活性などが低いことによる。このためカソードでは粒径【（f）1～5 nm】程度の白金系触媒ナノ粒子が粒径 20～40 nm 程度のカーボンナノ粒子に高分散担持され，このカーボンナノ粒子が連なって多孔構造を形成することにより高い触媒活性を発現する。

索　引

【あ】

アデノシン三リン酸	119
アニオン	6
アノード	4
アノード電流	56
アノード反応	32

【い】

イオン交換膜法	104
イオンセンサー	139
イオン独立移動の法則	19
一次電池	141
陰イオン	6
陰　極	4
陰極電流	56

【え】

エネルギー変換デバイス	141
エレクトロニクス	116
塩　橋	37

【お】

オーム損	49

【か】

開回路	22
外部電位	29
化学電池	20
化学当量	9
化学ポテンシャル	30
化学めっき	110
可逆電池	28
拡散過程	43
拡散過電圧	50
拡散層	52
化成処理	114
カソード	4
カソード電流	56
カソード反応	32
カチオン	6
活性化過電圧	54
活性化分極	54
活　量	32

過電圧	44
ガルバニ電位	29
ガルバノスタット	77
カロメル電極	39
還元電流	48
還元反応	7

【き】

貴	31
起電力	22
ギブズ・ヘルムホルツの式	24
ギブズの自由エネルギー	24
キャタライジング	112
鏡像力	29
強電解質	19
銀-塩化銀電極	40
銀電量計	15

【く】

グラム当量	9
クロノアンペロメトリー	80
クーロメーター	15
クロメート処理	114

【け】

結晶化過程	43
限界電流密度	53

【こ】

交換電流密度	56
光電気化学	135
高分子電気化学	145
コットレルの式	81
コットレルプロット	81
コールラウシュの平方根則	19
混成電極電位	95
コンダクタンス	17

【さ】

サイクリックボルタンメトリー	82

サイボーグテクノロジー	131
作用極	42
酸化電流	47
酸化反応	7
参照電極	43,70
三電極法	70

【し】

試験極	42
弱電解質	19
照合電極	30,43
正味の電流密度	55
人工神経回路	134

【す】

水素過電圧	48
寸法安定性陽極（電極）	104

【せ】

正　極	4
静電ポテンシャル	29
生物電気化学	117
全分極	45

【そ】

相界面	21
素過程	41
粗度因子	15
ゾーン法	129

【た】

対　極	42,70
対称因子	58
太陽電池	135
ダニエル電池	22
ターフェル定数	61
ターフェルの式	61
ターフェルプロット	97
単　極	22
単極反応	22

【ち】

超臨界二酸化炭素	145

超臨界流体	146			腐食電位	95
				腐食電流	95
【て】		**【に】**		物質移動過程	43
抵抗過電圧	49	二次電池	142	物理電池	21
抵抗分極	49	二電極法	69	不動態域	91
抵抗率	17			分　極	44
定常測定	78	**【ね】**		分極曲線	46
滴下水銀電極	30	ネルンストの式	35	分極抵抗	62
電位差計	25	燃料電池	142		
電　界	16			**【へ】**	
電解セル	6	**【の】**		平衡電位	56
電荷移動過程	43	濃淡電池	20		
電気泳動	128	濃度過電圧	50	**【ほ】**	
電気化学	1	濃度分極	50	ホイートストンブリッジ	
電気化学セル	6				17
電気化学当量	10	**【は】**		飽和カロメル電極	39
電気化学反応	8	バイオエレクトロ		ポテンシオスタット	75
電気化学分析	138	ケミストリー	117	ポテンシャル	28
電気化学ポテンシャル	30	バイオセンサー	140	ボード線図	86
電気抵抗	16	バトラー・ホルマーの式		ボルタ電位	29
電気伝導	16		60	ボルタモグラム	82
電気伝導度	17	半電池	23	ボルタンメトリー	81
電気分解	2	半反応	22		
電気めっき	109			**【み】**	
電　極	8	**【ひ】**		みかけの表面積	15
電極電位	28	卑	31		
電極反応	8	比抵抗	17	**【む】**	
電極反応速度	41	非定常測定	78	無限希釈	19
電極反応速度論	41	比電導度	17	無電解めっき	110
電　池	7	非ファラデー電流	11		
電池図	22	標準水素電極	30	**【め】**	
電池電圧	22	標準電極電位	32	めっき	108
電池反応	7	標準電池	26		
電　場	16	表面処理	107	**【も】**	
電　流	16	表面電位	29	モル当量	9
電流効率	12				
電流密度	14,41	**【ふ】**		**【ゆ】**	
電量計	15	ファラデー定数	9	有機電気化学	145
		ファラデー電流	11		
【と】		ファラデーの法則	9	**【よ】**	
導電性高分子	146	フィックの拡散の第一法則		陽イオン	6
導電率	17		51	陽　極	4
銅電量計	15	フィックの拡散の第二法則		陽極電流	56
当量イオン導電率	20		80	浴電圧	48
当量導電率	18	不可逆電池	27		
		フガシティ	32	**【り】**	
【な】		不感域	91	理想希薄溶液	19
ナイキスト線図	85	負　極	4	理想溶液	19
内部電位	29	複合電極	95	律速過程	41
		腐　食	86	流　束	51
		腐食域	91		

【る】

ルギン毛管	43

【れ】

連続法	130

【A】

activation overpotential	54
activation polarization	54
activity	32
adenosine triphosphate	119
anion	6
anode	4
anodic current	47,56
anodic reaction	32
apparent surface area	15
artifical neural circuit	134
ATP	119

【B】

bath voltage	48
bio-electrochemistry	117
biosensor	140
Bode diagram	86
Butler–Volmer's equation	60

【C】

calomel electrode	39
catalyzing	112
cathode	4
cathodic current	48,56
cathodic reaction	32
cation	6
cell	7
cell reaction	7
cell representation	22
cell voltage	22
charge transfer process	43
chemical battery	20
chemical cell	20
chemical equivalent	9
chemical plating	110
chemical potential	30
chemical treatment	114
chromate coating	114
chronoamperometry	80
complex electrode	95
concentration cell	20
concentration overpotential	50

concentration polarization	50
conductance	17
conductive polymer	146
conductivity	17
corrosion	86
corrosion current	95
corrosion potential	95
corrosion region	91
Cottrell plot	81
Cottrell's equation	81
coulometer	15
counter electrode	42,70
crystallization process	43
current	16
current density	14
current efficiency	12
cyborg technology	131
cyclic voltammetry	82

【D】

Daniell cell	22
de-electronation	7
diffusion layer	52
diffusion overpotential	50
dimensionally stable anode	104
DME	30
dropping mercury electrode	30
DSA	104
DSE	104

【E】

electorode reaction	8
electric conduction	16
electric field	16
electric resistance	16
electroanalytical chemistry	138
electrochemical cell	6
electrochemical equivalent	10
electrochemical potential	30
electrochemical reaction	8

electrochemistry	1
electrode	8
electrode kinetics	41
electrode potential	28
electrode reaction rate	41
electroless plating	110
electrolysis	2
electrolytic cell	6
electromotive force	22
electronation	7
electronics	116
electrophoresis	128
electroplating	109
electrostatic potential	29
elementary process	41
EMF	22
energy conversion device	141
equilibrium potential	56
equivalent conductance	18
equivalent ionic conductance	20
exchange current density	56

【F】

Faradaic current	11
Faraday constant	9
Faraday's law	9
Fick's first law of diffusion	51
Fick's second law of diffusion	80
flux	51
fuel cell	142
fugacity	32

【G】

Galvani potential	29
galvanostat	77
Gibbs free energy	24
Gibbs–Helmholts equation	24
gram equivalent	9

索　　　　　引　　167

【H】

half-cell	23
half-cell reaction	22
hydrogen overvoltage	48

【I】

ideal solution	19
image force	29
IM 法	104
infinite dilution	19
inner potential	29
ion sensor	139
ion-exchange membrane method	104
iR drop	49
iR loss	49
irreversible cell	27
iR 損	49

【K】

Kohlraush's square root law	19

【L】

law of the independent ionic migration	19
less noble	31
limiting current density	53
Luggin capillary	43

【M】

macromolecular-electrochemistry	145
mass transfer process	43
mixed electrode potential	95
molar equivalent	9

【N】

negative electrode	4
Nernst equation	35
net current density	55
NHE	30
noble	31

non Faradaic current	11
normal hydrogen electrode	30
Nyquist diagram	85

【O】

OCV	22
ohmic drop	49
ohmic loss	49
open circuit	22
open circuit voltage	22
organic-electrochemistry	145
outer potential	29
overpotential	44
overvoltage	44
oxidation reaction	7

【P】

passivation region	91
passivity region	91
phase boundary	21
photo-electrochemistry	135
physical cell	21
plating	108
polarization	44
polarization curve	46
polarization resistance	62
positive electrode	4
potential	28
potentiometer	25
potentiostat	75
primary battery	141

【R】

rate determining processes	41
reduction reaction	7
reference electrode	31,43,70
resistance overvoltage	49
resistance polarization	49
resistivity	17
reversible cell	28

roughness factor	15

【S】

salt bridge	37
saturated calomel electrode	39
scCO₂	145
SCE	39
secondary battery	142
SHE	30
silver-silver chloride electrode	40
single electrode	22
single electrode reaction	22
solar cell	135
SSE	40
standard cell	26
standard electrode potential	32
standard hydrogen electrode	30
strong electrolyte	19
supercritical carbon dioxide	145
supercritical fluid	146
surface finishing	107
surface potential	29
symmetry factor	58

【T】

Tafel constant	61
Tafel plot	97
Tafel's equation	61
test electrode	42
total polarization	45

【V】

Volta potential	29
voltammetry	82
voltammogram	82

【W】

weak electrolyte	19
Wheatstone bridge	18
working electrode	42

―――― 著者略歴 ――――

井手本　康（いでもと　やすし）
1984年　東京理科大学理工学部工業化学科卒業
1986年　東京理科大学大学院理工学研究科修士課程修了（工業化学専攻）
1986年　富士写真フイルム株式会社勤務
1989年　東京理科大学助手
1992年　博士（工学）（東京理科大学）
2000年　東京理科大学助教授
2008年　東京理科大学教授
2014年　東京理科大学理工学研究科長
2016年　東京理科大学理工学部長・理工学研究科長
　　　　現在に至る

板垣　昌幸（いたがき　まさゆき）
1988年　東京工業大学工学部金属工学科卒業
1993年　東京工業大学大学院理工学研究科博士課程修了（金属工学専攻），博士（工学）
1994年　東京理科大学助手
1998年　東京理科大学講師
2001年　東京理科大学助教授
2004年　東京理科大学教授
　　　　現在に至る

湯浅　真（ゆあさ　まこと）
1983年　早稲田大学理工学部応用化学科卒業
1988年　早稲田大学大学院理工学研究科博士課程修了（応用化学専攻），工学博士
1988年　東京理科大学助手
1993年　東京理科大学講師
1998年　東京理科大学助教授
2001年　東京理科大学教授
　　　　現在に至る

化学系学生にわかりやすい電気化学
Electrochemistry：Easy to Undergraduate Students Majoring in Chemistry
Ⓒ Yasushi Idemoto, Masayuki Itagaki, Makoto Yuasa 2019

2019年10月3日　初版第1刷発行　　　　　　　　　　　　　　　　　　　　★

検印省略　　著　者　　井　手　本　　　　康
　　　　　　　　　　　板　垣　昌　幸
　　　　　　　　　　　湯　浅　　　真
　　　　　発行者　　株式会社　コロナ社
　　　　　　　　　　代表者　牛来真也
　　　　　印刷所　　萩原印刷株式会社
　　　　　製本所　　有限会社　愛千製本所

112-0011　東京都文京区千石4-46-10
発 行 所　株式会社　コロナ社
CORONA PUBLISHING CO., LTD.
Tokyo Japan
振替 00140-8-14844・電話(03)3941-3131(代)
ホームページ　http://www.coronasha.co.jp

ISBN 978-4-339-06649-4　C3043　Printed in Japan　　　　　　　　（柏原）

JCOPY　<出版者著作権管理機構　委託出版物>
本書の無断複製は著作権法上での例外を除き禁じられています。複製される場合は、そのつど事前に、出版者著作権管理機構（電話 03-5244-5088、FAX 03-5244-5089、e-mail: info@jcopy.or.jp）の許諾を得てください。

本書のコピー，スキャン，デジタル化等の無断複製・転載は著作権法上での例外を除き禁じられています。購入者以外の第三者による本書の電子データ化及び電子書籍化は，いかなる場合も認めていません。
落丁・乱丁はお取替えいたします。